"十三五"职业教育部委级规划教材

服装专业毕业设计指导

（第3版）

张剑峰　主　编
姚其红　杨素瑞　副主编

中国纺织出版社有限公司

内 容 提 要

本教材系“十三五”职业教育部委级规划教材。根据服装专业毕业设计课程的教学需要，本书对服装专业毕业设计的重要性，毕业设计的前期组织和选题，实用装、创意装的设计方法和设计流程，毕业设计成衣作品汇展以及毕业生求职技能指导等方面进行了详细的阐述。全书结构严谨，层次清晰，内容丰富，图文并茂，实用性强，以科学、实用的发展观统领课程内容，具有很强的可操作性。

本书可作为服装毕业设计课程的专门教材，也可作为服装爱好者、服装设计初学者的参考书籍。

图书在版编目(CIP)数据

服装专业毕业设计指导 / 张剑峰主编 .—3 版 .—北京：中国纺织出版社有限公司，2020.10（2024.3 重印）
“十三五”职业教育部委级规划教材
ISBN 978-7-5180-7732-8

I. ①服… II. ①张… III. ①服装设计—毕业实践—职业教育—教材 IV. ① TS941.2

中国版本图书馆 CIP 数据核字（2020）第 145064 号

策划编辑：郭沫　　责任编辑：张晓芳
责任校对：王蕙莹　　责任印制：王艳丽

中国纺织出版社有限公司出版发行
地址：北京市朝阳区百子湾东里A407号楼　邮政编码：100124
销售电话：010—67004422　传真：010—87155801
http://www.c-textilep.com
中国纺织出版社天猫旗舰店
官方微博 http://weibo.com/2119887771
北京通天印刷有限责任公司印刷　各地新华书店经销
2011年9月第1版　2017年11月第2版　2020年10月第3版
2024年3月第4次印刷
开本：787 × 1092　1/16　印张：12.5
字数：200千字　定价：59.80元

编写委员会： 张剑峰　张福良　侯凤仙
姚其红　谢　琴　徐　逸
董肖宇　卢亦军　张建萍
胡贞华

主　　编： 张剑峰

副 主 编： 姚其红　杨素瑞

第3版前言

《服装专业毕业设计指导》从第1版出版至今已近10年了，再版修订第3版，感谢大家的支持与厚爱。

从第2版出版之后，作者除了继续担任服装陈列服饰搭配以及橱窗毕业设计的指导教师外，也将主要的工作重心放在传统植物印染的传承与现代设计应用之上，是区级传统蓝印花布技艺传承人。在植物染艺术品、服装、文创产品等方面都略有涉及。恰遇近几年各民族文化、传统文化和传统技艺在纺织服装中的大力应用与流行，比如在近期流行趋势的报告中，可以发现传统技艺扎染以近2倍的速度上升，成为纺织服装方面重要的流行趋势，在各个层次的品牌甚至在橱窗中都有所应用。因此，在第四章、第五章内容的修订过程中，作者增加了传统图案以及传统的印染技艺和刺绣技艺方面的内容。

近几年来，作者所在的学校在校企合作育人方面、国际教育合作方面做得有声有色。比如，校企合作现代学徒制订单班、校企合作订单班、国际合作办学、教师互访、学生互访、互相承认学生的学分、成立国际产学中心等都做得有声有色，为学校的师生提供了广阔的国际视野以及顶岗实习实践能力。

在《服装专业毕业设计指导》第2版出版后的三年里，作者的研究更多涉及了植物染的产品设计与应用，因此，从一块白布开始的面料再造设计成为设计的重点。这方面也是近几年学校的教学重点，让学生从面料的再造设计中去重新认识服装设计、创新服装设计。2019年，作者没有直接作为导师指导服装设计专业学生的毕业设计，但是作者的喜曼植物染设计工作室中有四位服装设计与工艺班的学生跟着作者学习植物染产品设计。所以，在她们的毕业设计中，有三位采用了植物染的设计工艺，如染色工艺、图案设计工艺等进行毕业设计的创新设计，三位同学的作品都选入了最后的毕业生优秀作品汇演——走秀环节。这些学生在作者工作室学习的这几年，作者带着她们多次参加各类比赛，都取得了不错的奖项。

本教材的第3版中，前三章从服装毕业设计的概念、功能、特性及毕业设计的内容与要求、组织安排等方面作了详细的介绍，对毕业设计的选题来源、组织方法、选题要求等都做了详细的说明，还附有部分教学文件。在此次的修订中除了个别语句的改动之外，没有太多的改动。第四章、第五章中，针对近几年的毕业设计教学要求，对具有实用性和创意性的两个服装毕业设计选题进行了详细而充分的教学指导，这也是此次修订编写的重点。分解题、定题、构思设计、设计实施四个部分，在调研案例中添加了翔实的图片，让读者能客观地了解对消费者的调研分析过程和方法；对构思、设计方法的指导进行了一些修改，其中采用了我院正在英国留学的交换生郑行义同学的作品，将英国教学的创意思维融入教学案例中进行说明。在这两章中选用并更换了大量的案例分析图片，具有很强的直观性、形象性，以便更好地与时代接轨。第六章是毕业设计的成衣汇展，让学生对服装设计的整体性、表现性、表演性以及展示的目的和形式有大致的了解，通过汇展对服装整体性搭配、细节设计有了更多的思考。案例选用了国际上的优秀案例进行充分说明，旨在提高学生审美，开阔视野。第七章为毕业生求职技能指导，对即将毕业的学生从职业规划、准备求职材料及求职简历、应对面试三个方面的内容进行了讲解。

本次第3版的修订中，由本校教师杨素瑞接替原副主编谢琴参与编写工作，以方便我们工作的沟通。杨素瑞老师在我对第四章编写修订的基础上，增加了新的教学内容和案例，丰富了本书实际案例。原副主编谢琴老师在本书第1次的编写过程中，主要是在我原来编写完成第一章到第三章的基础上，进行了一些修订工作，在此再次感谢她的参与。特此进行说明。

本书的再版得到了很多同事的大力支持，他们为我提供了丰富的图片和案例，使书稿得以完善。为本书做出贡献的还有侯凤仙、冯越芳、汪佩若、马艳英、陶聪聪、江群慧、姚其红、杨素瑞、郑行义、陈晓皖、王英、赵艳云、余冬等师生，在此一并表示感谢。本书第五章由姚其红修订，第四章由杨素瑞修订，其余章节由张剑峰修订，全书由张剑峰统稿。

张剑峰
2020年1月

第2版前言

在《服装专业毕业设计指导》这本教材出版后的几年中，本人所在的浙江纺织服装职业技术学院在国际教育合作方面做得有声有色。比如在国际合作中的教师互访，学生互访，互相承认学生的学分，成立国际产学中心，服务英国、韩国、日本等国家的设计师，帮助他们与宁波乃至浙江省的服装企业进行对接。学校每年与英国院校合作，接收英国留学生，互派服装专业的优秀作品出席对方学校的毕业周服装作品发布会，开阔了教师和学生的视野，提高了在校师生的积极性。另外，学校这几年在教学的软硬件设施上投入很大，购买了多个有影响力的服装网站，教师积极参加各种培训，多个课程项目与企业对接完成，大大提高了学校教学水平，学校的声誉也逐渐建立。

毕业设计课程具有特殊性，不是以教师的教为主，而是学生通过对之前课程知识的整合、应用、实践，以独立思考的方式去完成，在此过程中教师扮演引导者和沟通者的角色。另外，由于毕业设计课程时间周期的限制，学生与教师也不是时刻在一起，因此，为提高毕业设计作品的质量，学校在近几年的管理中，要求教师对学生作品从构思到设计再到制作层层把关，让学生以更认真和严谨的学习态度去对待本门课程，以便在下一门顶岗实习课程中更好地以一个工作者的心态去积极面对工作，缩短与企业之间的距离。

在《服装专业毕业设计指导》出版后的三年里，严格地来说，我所带的课程是服装陈列与展示设计专业学生的毕业设计，而这恰恰成为本次修订内容的重点。众所周知，随着服装行业的发展，服装设计不再是狭义上的设计，仅仅从造型、色彩、面料设计出发的服装设计是远远不够的，款式抄袭更是行不通，而是要从消费者、终端卖场营销、时尚买手等角度进行大概念设计，去挖掘服装背后的深层次文化和灵魂，从而吻合现代消费者精神层面的个性化需求，做好产品整合。因而调研、创意和搭配便成了设计的重点。这当中，调研要从消费者的角度去深层次地调研；创意需要注重方法的指导，充分挖掘学生的感性思维和综合思考能力；搭配环节，不仅要考虑服装、饰品的搭配，还应从模特、模特的姿态、拍摄的场景和角度等多方位显示服装的情趣和服装背后隐藏的语义。

本教材的第2版中，前三章从服装毕业设计的概念、功能、特性及毕业设计的内容与要求、组织安排等方面作了详细的介绍，对毕业设计的选题来源、组织方法、选题要求等都做了详细的说明，还附有我院部分教学文件。在此次的修订中除了个别语句的改动之外，没有太多的改动。第四章、第五章中，对具有实用性和创意性的两个服装毕业设计选题进行了详细而充分的教学指导，这也是此次修订编写的重点。分解题、定题、构思设计、设计实施四个部分，在调研案例中添加了翔实的图片，让受众能客观地了解对消费者的调研分析过程和方法；在构思、设计方法的指导中，进行了一些修改，其中采用了我院正在英国留学的交换生郑行义同学的作品，将英国教学的创意思维更好地融入教学案例中进行说明。在这二章中选用和更换了大量的案例分析图片，具有很强的直观性、形象性，以便更好地与时代接轨。第六章是毕业设计的成衣汇展，让学生对服装设计的整体性、表现性、表演性以及展示的目的和形式有大致的了解，通过汇展对服装整体性搭配、细节设计有了更多的思考，并增加了“毕业前的答辩准备”，以便让学生能在答辩中更好地进行发挥。第七章毕业生求职技能指导，对即将毕业的学生从职业规划、准备求职材料及求职简历、应对面试三个方面的内容进行了讲解。

本书的再版得到了很多同事的大力支持，他们给了我丰富的图片和案例，以完善书稿的质量。为本书做出贡献的还有冯越芳、汪佩若、马艳英、姚其江、朱倩、徐芯悦、张颖、赵倩倩、杨素瑞、郑行义等老师和学生，在此一并表示感谢。除第五章由姚其红修订编写外，其他章节都由张剑峰修订编写，张剑峰统稿。

张剑峰
2017年7月于宁波

第1版前言

毕业设计课程不仅是让学生对之前所学课程知识的整合、应用和实践，还可以让学生在本次课程中学到更系统、更全面、更符合社会需求的知识，让学生缩短与企业之间的距离。

2005年我担任十几个学生的毕业设计课程的指导教师，在担任此课程中，我注入了全部的心血，并且将自己在企业中的工作经验应用到教学之中，使我得到的收获很大。这次带的学生是普通高中考上来的学生，在学校里学了两年半时间的服装设计课程，对服装设计的感觉、层次差别很大。第一次我带着他们去做市场调研的时候，看到一个上身穿着黑色T恤、下身穿着白色长裤非常普通的男士时，我便让他们说说这个人穿着的服装感觉，有一个学生说像“黑社会老大”，他的话留给我非常深刻的印象。可见，他对时尚、对市场的了解甚少。并发现他们不会从专业的眼光去做市场调研。眼看着他们即将毕业，短短三个月的毕业设计课程就成了学生们冲刺学习服装设计的最后时间。在这段时间里，我从毕业设计的调研、立意开始一点点地教他们，一直保持与他们很好的沟通，再三强调市场调研对于服装设计师的重要性，强调作为年轻设计师必须要学会用电脑软件去制图。让我颇为欣慰的是，短短三个月的时间，学生们十分努力，他们不仅学会了市场调研的方法，而且非常用心地去做市场调研、设计，为了找到合适的面料，学生多次往返于学校与市场之间；经常来到我的办公室，与我沟通他们的设计理念。有一位学生，他到绍兴柯桥批发市场去购买面料，回来跟我算成本的时候，唯有他是以面、辅料批发的价格来计算成本，包括加工费等。当然，这位学生刚毕业就自己进行创业，在广州开了批发市场，产品在网上销售，生意做得红红火火，非常不错。而那位在市场调研时说人家是“黑社会老大”的学生，在最后毕业设计阶段，也非常努力和用心，前两个星期完全泡在市场做调研，写出了很棒的一份关于牛仔服设计的调研报告，期间还专门买了电脑，学习绘图软件，毕业后也做了服装设计，这是他之前想也没有想到过的。

中国纺织出版社杨旭老师的慧眼发现市场上关于毕业指导性书籍资料的短缺，促使了我写这本教材，同时也感谢中国纺织出版社的张程老师使这本教材面市。这本书的出版很有偶然性，当时，我正与中国纺织出版社的杨旭老师商讨关于我的《男装产品开发》一书，在谈话之中我提到担任毕业设计的指导教师，学生的作品做得挺好的，杨老师听了很有兴趣，同时也提出了中肯的意见，并希望能尽快看到学生的作品，现在这本书的出版，要感谢杨旭老师。

我把学生的《毕业设计作品集》给杨旭老师看的时候至今已经时隔5年，由于杂事繁忙，把这本书耽搁下来了，杨旭老师是个非常有责任心的人，多次对我的书稿提出意见，后来由于工作的调动，由张程老师接手，也给本书提出了非常中肯的意见，逐步使我的思路清晰，在张老师的提议下增加了后面的两个章节，使这本书更为完整。感谢张老师对此书稿的建议和精心策划。

根据多年的教学经验，以及服装行业的变化，在重新调整本书稿时，突出了毕业设计从确定选题、市场调研、设计思维、设计过程和设计方法等内容。前三章从服装毕业设计的概念、功能、特性以及毕业设计的内容与要求、组织安排等方面作了详细的介绍，也对毕业设计过程中指导教师与学生之间的角色关系进行了探讨。还对毕业设计的选题来源、组织方法、选题要求等作了详细的说明，另附有我院部分教学文件。

第四章、第五章分别从实用性和创意性两个服装毕业设计选题上做出详细而充分的教学指导。分解题、定题，构思、设计，设计实施，设计实现四个小节分别讲解。在实用性服装毕业设计选题指导中，强调了服装设计资料收集的方法和内容、资料的分析、设计流程、设计方法与设计思维，以及设计实现、成衣搭配、成本计算方法等；创意性服装毕业设计的选题指导中，强调了设计思维、设计灵感以及设计方法的指导教学，列举了大量的以立体裁剪为主的设计，这两个章节都附有大量的图片和案例作为支撑，图文并茂，具有很强的直观性、形象性。

第六章讲述毕业设计的成衣汇展，通过本章的指导，可以让学生对服装设计的整体性、表现性、表演性以及展示的目的和形式有大概的了解，通过汇展对服装整体性搭配、细节设计有了更多的思考；第七章毕业生求职技能指导，对即将毕业的学生从职业规划、准备求职材料和求职简历、应对面试三个内容进行讲解。在职业规划一节中，不仅提到了如何进行职业规划，还对服装设计专业学生毕业后所能涉及的工作岗位职责和要求做出了详细的描述。通过案例分析了个人做好职业规划的重要性和必要性。对于毕业生来说，求职、撰写求职材料、准备作品集、自荐信和求职简历以及面试等情况都是有可能遇到的，根据多年的毕业生求职、面试中所出现的问题，本书通过案例进行一一介绍。

这本书的完成汇聚了很多人的努力。第一章至第三章由谢琴、张剑峰编写，第四章、第六章、第七章由张剑峰编写，第五章由姚其红编写，全书由张剑峰统稿。

在这里要感谢我的同学盛武斌，是他的引荐使我在2003年从清华大学美术学院结束访问学者的身份之后，开始有了在企业就职的经历，也为本书的实践性提供了非常好的基础。同时要感谢赖振龙、徐逸、卢亦军、汪佩若、董肖宇、袁勇、侯凤仙、胡贞华、陈培青、李玲、王国海、马艳英、杨素瑞等老师给予本书的意见与图稿，感谢我的工作单位，感谢校领导们对我的科研、教学工作的重视；还要感谢www.stylesight.com、http://www.taotian.com等网站的合作，使我们在进行本书的编写时，有了第一手的时尚资料；也感谢穿针引线网、www.vogue.com、www.style.com网站及相关的网络工作者，是他们对时尚的热爱，才方便了我们对资料的收集与分享。由于编写时间仓促，对在此书中没有提及的支持网站等机构从而产生一些版权费用等方面还请原谅，欢迎您随时联系我或出版社，我将给予补上。最后要感谢我的女儿和我的先生对我工作的支持！

张剑峰

2011年3月于宁波

《服装专业毕业设计指导（第3版）》

教学内容及课时安排

<table>
<tr><th>章/课时</th><th>课程性质/课时</th><th>节</th><th>课程内容</th></tr>
<tr><td rowspan="3">第一章
（1课时）</td><td rowspan="11">服装专业毕业设计概述
4课时</td><td></td><td>服装专业毕业设计概述</td></tr>
<tr><td>一</td><td>服装专业毕业设计的概念、功能与特性</td></tr>
<tr><td>二</td><td>服装专业毕业设计的内容与要求</td></tr>
<tr><td rowspan="4">第二章
（1课时）</td><td></td><td>毕业设计的前期准备工作</td></tr>
<tr><td>一</td><td>毕业设计课程的组织安排</td></tr>
<tr><td>二</td><td>毕业设计课程学导角色定位及要求</td></tr>
<tr><td>三</td><td>毕业设计课程的一般程序</td></tr>
<tr><td rowspan="4">第三章
（2课时）</td><td></td><td>毕业设计课程的选题</td></tr>
<tr><td>一</td><td>毕业设计课程的组织方法与选题来源</td></tr>
<tr><td>二</td><td>毕业设计课程任务的选择与配置原则</td></tr>
<tr><td>三</td><td>毕业设计选题要求</td></tr>
<tr><td rowspan="5">第四章
（9周）</td><td rowspan="10">设计、实践
9周课时（选其中之一）</td><td></td><td>以实用服装设计为主线进行毕业设计选题的设计指导</td></tr>
<tr><td>一</td><td>选题、定题</td></tr>
<tr><td>二</td><td>设计构思、制订设计方案</td></tr>
<tr><td>三</td><td>设计实施</td></tr>
<tr><td>四</td><td>设计实现</td></tr>
<tr><td rowspan="5">第五章
（9周）</td><td></td><td>以创意服装设计为主线进行毕业设计选题的设计指导</td></tr>
<tr><td>一</td><td>解题、定题</td></tr>
<tr><td>二</td><td>设计构思、制订设计方案</td></tr>
<tr><td>三</td><td>设计实施</td></tr>
<tr><td>四</td><td>设计实现</td></tr>
<tr><td rowspan="4">第六章
（32课时）</td><td rowspan="8">汇展与求职指导、运用
1周课时</td><td></td><td>服装毕业设计成衣汇展</td></tr>
<tr><td>一</td><td>汇展准备</td></tr>
<tr><td>二</td><td>毕业设计成衣汇展</td></tr>
<tr><td>三</td><td>毕业答辩前准备和答辩技巧</td></tr>
<tr><td rowspan="4">第七章
（1天）</td><td></td><td>毕业生求职技能指导</td></tr>
<tr><td>一</td><td>职业规划</td></tr>
<tr><td>二</td><td>准备求职材料及求职简历</td></tr>
<tr><td>三</td><td>应对面试</td></tr>
</table>

目录

第一章　服装专业毕业设计概述

课题名称： 服装专业毕业设计概述

课题内容： 服装专业毕业设计的概念、功能、特性、内容及要求

课题时间： 1课时

教学目的： 让学生了解服装专业毕业设计的重要性，了解毕业设计是对前面所学过的课程知识的综合与创新，并要求学生从专业、应用、创新的角度来开展毕业设计。

教学方式： 以讲述为主，让学生观看优秀毕业生的毕业设计案例，激发学生创作的积极性。

教学要求： 1.教师选出往届学生作品的优秀案例给学生观看，以激发学生学习的兴趣。

2.使学生了解毕业设计的重要性，以引起学生的重视。

3.向学生提出本次毕业设计课程的要求。

课前准备： 教师准备几份往届学生的优秀毕业设计文案作示范。

在展开服装专业毕业设计程序之前，学生需要了解服装专业毕业设计的目的、内容及要求。本章介绍服装专业毕业设计的概念、功能、特性，阐述服装专业毕业设计的内容及要求，使学生目标明确，有的放矢。

第一节　服装专业毕业设计的概念、功能与特性

一、服装专业毕业设计的概念

毕业设计是教学计划中最后的综合性实践教学环节，也是最重要的教学环节之一，学生在教师的指导下初步尝试独立从事服装设计工作，此课程基本目的是培养学生综合运用所学的基础理论、专业知识、基本技能研究和处理问题的能力，是学生对三四年来所学知识和技能进行系统化、综合化运用、总结和深化的过程，是对学校学习生涯的总结与检阅，是学校学习与社会学习之间的衔接，既体现学校各课程所教授知识与技能的综合、掌握及其灵活运用，同时也展现了学校、学生与企业、社会之间的互动与促进。

二、服装专业毕业设计的功能

（1）巩固基础专业知识与技能，接触专业新视角、新动态及新发展，并将其综合灵活运用于毕业设计中。学会阅读参考文献，掌握收集、分析、运用资料的方法，以及如何进行规范设计的程序与方法，并通过毕业答辩，进一步探索教与学的水平，从而提高教学质量。培养学生的自我学习能力以及实践应用能力。

（2）综合训练学生善于发现提出问题、分析问题、并最终解决问题的能力。通过服装毕业设计策划、市场调研、立题、搜集素材、设计方案、工艺制作等一系列组织运作过程，检查学生的思维能力、动手能力和掌握技艺的深度，培养学生综合组织管理设计项目的能力。

（3）针对市场需求进一步培养学生的创新应用能力。

三、服装专业毕业设计的特性

（一）专业性

服装的设计与制作不是纯技术，也不是纯艺术，是艺术与技术的高度融合，是多种科学高度交叉的综合性学科。服装专业能力是服装专业毕业生必须具备的首要条件，这种能力的获得是经过一定时间的系统学习逐渐积累的，作为一个服装专业人员需要接受服装设计专业系统的教育培养，具备较为完整的设计能力和专业素养，对服装领域的技术、理论等均有很好的把握。服装专业是一个大的门类，服装领域的岗位有设计、打板、工艺、跟单、理单、质量检验、生产管理、服装陈列、时尚买手等方向，不同方向的要求会略有不同。比如，以设计为主的服装专业学生，要掌握设计的基本程序和方法，要了解设计的工艺特点与板型特点，要有较强的成本意识和质量意识；而对于服装工艺方向的学生来说，应掌握板型设计的合理性及穿着的舒适性、科学性等。总而言之，服装专业的学生设计的服装作品应力求突出其专业方向的特性。

（二）应用性

毕业设计是对即将步入社会的毕业生能力的一次全面考核，毕业设计不是“作秀”，亦不是“走过场”，毕业设计的成果应考虑应用性。以企业的标准、企业所采用的程序和方法指导设计实践，以科学合理的方法来控制设计过程，重视设计方法的应用，提高设计效率，缩短与企业就业的距离。因此，进行毕业设计时，不论是实际性课题还是虚拟性课题，都要做到完整而规范，确保在生产、应用等各个环节的可操作性。

（三）创新性

在一定意义上，设计即创新，创新是服装设计的本质特征，创造力是服装设计的核心竞争力，只有体现出创新性的设计成果才会被市场接受，并富有生命力。服装的创新和创造不但是审美的要求，更是现代设计的基本要求。人的审美心理本就蕴涵着求新、求异、求美的特征，所以就决定了设计必须做到求新、求异、求变，设计的过程就是创造新事物的过程。

所谓设计的创新，包含着不同的层次和内容，它可以是在原有基础上进行的改良，即推陈出新；也可以是完全的创新，如独辟蹊径；既指新观念、新思维和新思潮，亦指新材料、新技术、新样式。它既能满足人们不断变化的需求，更能引领人们新的生活方式。作为未来的设计师，服装专业学生毕业设计的重要任务在于科学而准确地把握主题的内涵，追求卓越独特的设计创意，同时也要不断地探索新的表现形式，为设计注入新鲜血液，丰富艺术传达中的表现手法，从而提升设计作品的表现力和感染力。

第二节　服装专业毕业设计的内容与要求

一、服装专业毕业设计内容

（一）毕业设计的内容

服装专业毕业设计作品的内容主要包括两大类：一类是实用成衣设计作品；另一类是创意概念服装设计作品。

1. 实用成衣设计

成衣英文为 Ready to Wear，字面理解为即可穿用的服装，是针对一定目标消费群按标准型号批量生产的工业产品。实用成衣不仅追求其所谓的艺术性，同时应满足消费市场的实际应用需求，是审美艺术性与实用性相结合的工业文明产物，它需得到消费市场的认可才能最终实现价值。因此，进行实用成衣设计应了解当前服装市场时尚资讯、目标消费群的消费心理需求以及市场销售导向，在进行详尽市场调研、掌握相关资料信息后，有针对性地展开设计运作，综合运用各门课程所学到的知识与技能进行灵活思考，在了解市场、尊重生活的前提下，遵循形式美原理提出设计方案。

2. 创意概念服装设计

挑战传统设计理念，突破固有思维定式，探索更广阔的设计思维空间——这是创意概念服装设计的特点。它源于以感性思维为主的灵感捕捉表现，而侧重市场的成衣设计是以理性为主的，其本质目的是市场营利，必须考虑市场因素。创意概念服装设计的价值在于自由倡导创新设计思维模式，不被市场、成本等因素牵绊，突出以艺术文化及唯美表达为主的创意设计。创意概念设计探索的设计理念及其创意对市场导向的实用成衣设计思维有启发引导作用，目的在于不断探索创新思维，寻求新的思维模式。社会需要不断地进行新陈代谢才能得以不断发展，而创新是社会发展的原动力，创意概念服装正是人类探索思维和创新思维设计的产物。

（二）毕业设计的工作进程

服装毕业设计主要工作进程有以下五点。

1. 调研

针对毕业设计的选题方向展开多视角的调研，比如，了解消费市场的市场调研，目标消费群调研，流行趋势信息调研，设计思维灵感素材收集调研，面辅料市场调研等一系列收集资料及设计素材的调研活动，调研是为设计奠定基础的。

2. 确定设计主题及风格定位

对调研所收集的资料及设计素材进行整理、分析、研究，在此基础上提出设计概念主题，确定设计主题。

3. 确定设计方案

在确定的设计概念及设计主题引导下，遵循形式美原理展开服装设计款式造型、色彩调性配置等形式元素，绘制服装款式图及效果图，并确定及购买面辅料。有些面辅料与款式设计、色彩图案设计同步进行。

4. 确定服装板型设计及工艺制作

针对服装设计款式图及效果图绘制服装结构板型设计图，并裁剪制作服装成品。

5. 文本制作

将毕业设计工作过程中调研所收集的资料、构思草图、设计方案等与最后的服装成品展示整理成文本形式。

二、服装专业毕业设计要求

（一）原创性

服装毕业设计必须遵循原创性的设计原则。服装毕业设计是学生在学校三到四年学习生涯的总结与汇报，体现学生对学校所传授的知识和技能的掌握与应用程度，必须是学生多年学习积累沉淀的原创设计，不得抄袭、模仿他人服装设计作品。

（二）以人为本

无论是实用成衣设计还是创意概念服装设计，都必须遵循以人为本的设计原则。成衣设计是以市场为导向的，它必须尊重人的行为模式、尊重消费者的生活方式，而创意概念服装亦需以人为本，因为它是服装，是给人穿用的服装产品，不具有可穿性的服装还能叫服装吗？充其量不过是一堆材料的组合装置。服装设计是为人服务的，再夸张的创意也要尊重人，以人为本。

（三）审美时尚表达

服装设计作为一种视觉艺术设计形式，必然需要注重其形式的美感，遵循对比、统一、比例、均衡、对称等形式美法则。服装审美是由款式造型、色彩搭配、材料选择乃至细节处理等多种元素综合体现表达的，不同时代、不同社会、不同阶层产生不同的审美需求，对服装审美有着不同的解读和表达。罗丹认为，所谓大师就是用自己的眼睛看别人所见，在司空见惯的事物上发现美，正如设计来源于生活且高于生活。作为服装设计者，应关注社会、关注生活，在生活中提炼美，用时尚的眼光设计符合当代审美需求的服装设计作品。

（四）工艺制作到位

服装制作工艺课程中必须掌握人体测量、服装人体工学、基本服装纸样制图、服装裁剪、制作技巧等相关知识与技能。服装毕业设计课程中的服装打板制作环节充分展现了学生对工艺课程知识与技能的掌握与灵活的综合运用程度，进一步培养学生进行独立服装制作的动手能力及实际应用能力，检验其工艺知识与制作技巧，加强动手操作能力的训练。由面料到服装成品需要多种工序及多种设备的使用，多种操作技能的综合应用，要求学生熟练掌握各类基本工艺理论知识及制作技巧，应用在服装毕业设计中，使毕业设计作品工艺制作到位。

总结

1.毕业设计是培养学生综合运用所学的基础理论、专业知识、基本技能，具备发现问题、分析问题、解决问题的能力，是学生对三到四年来所学知识和技能进行系统化、综合化运用，总结和深化的过程。

2.毕业设计要求包括原创性、以人为本、审美时尚表达、工艺制作到位等。

思考题

1.毕业设计的功能是什么？

2.毕业设计的要求是怎样的？

第二章　毕业设计的前期准备工作

课题名称：毕业设计的前期准备工作

课题内容：毕业设计课程的组织安排、毕业设计课程学导角色定位及要求、毕业设计课程的一般程序

课题时间：1课时

教学目的：让学生明确毕业设计的组织安排及其成绩评定和优秀毕业设计的推荐要求，明确毕业设计课题的任务要求和选题方向，明确教师和学生在本次课程中各自的角色定位和要求。

教学方式：以教师的讲解、分析为主，让学生了解本次毕业设计课程的具体安排。

教学要求：1.让学生了解本次毕业设计的组织安排工作。

2.让学生了解毕业设计的任务要求和选题方向，明确毕业设计任务书填写要求。

3.让学生了解目前毕业设计教学改革现状，做好从学生到设计师助理的角色转换，明确自己在本课程中的要求。

课前准备：1.教师将学校对本次毕业设计的文件准备齐全。

2.教师填写毕业设计任务书，每人一份。

3.教师课前准备相关的参考书目和设计网站以及服装品牌资料、毕业设计教学改革的资料供学生设计时参考。

毕业设计工作一般实行校（教务处）、院（系）二级共同管理。为了使毕业设计工作顺利进行，确保毕业设计的质量，学校要加强管理，精心组织，严格要求。在具体实施过程中，要结合本校实际，建立与学校培养目标相一致的教学管理机制。

第一节　毕业设计课程的组织安排

毕业设计课程教学也可简称为毕业实践教学，这是学校培养在校学生应职应岗能力的最后一个教学环节。毕业设计课程一方面是毕业生离开学校走向具体工作岗位前的最终训练；另一方面，也是毕业生所获取的基本知识、技术应用能力与技能的综合应用。通过这种综合性训练，旨在达到与职业岗位需要"零距离"或"近距离"培养的目的。

一、毕业设计课程的组织安排内容

毕业设计工作一般实行学校（教务处）、院（系）二级共同管理。学校（教务处）根据教育部关于对高职学生的职业要求精神，结合学校的实际情况，向在校的毕业生提出毕业设计课程工作的指导性意见和管理规范，院（系）根据学校关于毕业设计课程的指导意见和管理规范，制订详细的实施意见和方案，由专业教研室根据实施意见和方案向指导教师和学生进行任务的传达，指导教师和学生严格按照方案贯彻执行。

（一）学校（教务处）的指导性意见

学校（教务处）从毕业设计目的、选题要求、指导教师要求、毕业设计任务书填写及要求、答辩要求等方面提出毕业设计课程的指导性意见，从毕业设计课程工作程序、工作管理办法、工作评估办法、管理工作评价方案、选题申报表、题目汇总表、指导记录表、中期总结、中期检查表、答辩记录表、质量分析表、考核记录表、评分要求等方面提出规范性管理意见和样本。

（二）院（系）工作内容

1.制订毕业设计教学大纲

专业带头人（负责人）在制订培养计划时，就制订了毕业设计教学大纲，对毕业设计课程的性质、目的、任务以及内容和基本要求都做了详细的要求。

例一：

服装设计专业毕业设计教学大纲

课程名称：《服装设计专业毕业设计课程》

课程代码：××××××

课程性质：专业必修课

学时学分：9周，8学分

选修课程：《服装效果图》《服装设计》《服装结构》《服装工艺》《服装CAD》《服装绘画电脑辅助课程》《服装立体裁剪》

一、毕业设计课程性质、目的和任务

毕业设计课程是培养服装专门人才的一个重要实践性教学环节，旨在使学生对所学过的基础理论和专业知识进行一次系统、全面的回顾和总结，通过资料收集、市场调研、服装设计创作、制板和工艺制作、设计实现的全面实践，巩固和发展所学知识，掌握正确的思维方法和基本技能，提高创新能力和利用所学知识解决实际问题的能力。

二、毕业设计的重点、难点及主要内容与基本要求

（一）课程重点和难点

重点：了解和掌握服装设计的过程和方法、收集资料的内容和方法、流行趋势的分析、服装制作的过程和方法、成本核算的方法及设计实现等。

难点：流行趋势的分析，设计的实现。

（二）毕业设计的主要内容与基本要求

1. 流行趋势分析

要求学生根据流行趋势的相关资料，写一份服装色彩、面料、款式、设计细节、配饰的流行趋势分析报告。

2. 收集资料

要求学生根据毕业设计的课题要求进行资料收集，掌握市场调研的方法和收集资料的方法。并写出一份符合课题要求和当前服装市场流行趋势的市场调研报告。市场调研报告要求图文并茂，从品牌简介、品牌风格、价格、产品品类、设计应用（色彩、款式、面料、设计细节、配饰）等方面来调研，至少有3个以上的品牌调研报告。

3. 设计草图

要求学生根据当前流行趋势确定毕业设计构思，至少独立完成3个服装系列的设计草图，其中每个系列包括3～5套服装。设计草图考虑造型、色彩、面料、配饰整体效果及统一与变化关系协调。

4. 毕业服装设计图

设计草图经指导教师审阅确定后，要求学生独立完成其中一个系列的毕业服装设计效果图和服装设计生产效果图，服装设计效果图表现风格不限，服装设计生产效果图要求说明制作的尺寸规格和特殊工艺。

5. 设计服装制作

要求学生根据服装设计生产效果图，独立完成一个系列服装的制作。服装造型、服装面料的色彩和材质之间的关系要符合服装整体要求。服装板型和工艺符合服装款式造型的要求。要求先用白坯布制作，造型、工艺完整后再用实物面料制作。要求有完整的结构制图、排料、工艺流程、白坯布制作、成衣制作、成本核算等全过程的资料。

6. 设计说明（总结）

设计创意类服装的学生要求完成设计创意说明一份，字数1500字左右，内容包括灵感源、流行分析预测、构思说明、构思过程等。设计实用类服装的学生要求完成设计定位说明一份，字数1500字左右，内容包括服装设计风格、消费群分析、流行趋势分析、目标市场等。

7. 设计实现

要求将制作完成的单件成衣转化为服装穿着效果，做好服饰搭配，以及服装在卖场展示的效果图。

8. 文本制作

将服装从收集资料、设计草图到最后的设计实现整理成文本的形式。文本的要求包括流行趋势分析、市场调研报告、服装设计定位、服装结构制图、服装生产流程及工艺制作、服装成本核算、设计实现和总结8个方面来完成。

三、毕业设计的指导

毕业设计指导工作由指导教师具体负责，专业主任负责协调，院领导负责对整个毕业设计环节进行监控、督促和检查。指导教师每周必须与学生面对面指导2~3次，其他时间可以通过网络、电话、信件等方式进行指导。

四、毕业设计的进度安排

（1）两周时间完成资料收集。资料收集内容包括：国内外服装流行信息（即当前服装流行信息的发布资料、网上信息资料、服装、面料市场等）、服装市场品牌调研、服装面辅料市场调研。

（2）一周时间完成三个系列的毕业设计草图。

（3）两周时间完成毕业服装设计效果图和毕业服装设计生产图及购买服装面辅料。

（4）四周时间完成毕业设计服装的制作。

（5）一周时间完成服装拍摄、文本制作及上交服装成品。

五、毕业设计的考核与成绩评定

（1）毕业设计的成绩评定由指导教师、评阅人和毕业设计答辩组三部分组成。毕业设计过程成绩占毕业设计成绩的30%，由指导教师打分；毕业设计服装成品和设计文本制作成绩占毕业设计成绩的70%，是指导教师、评阅人和毕业设计答辩组三者成绩总和的平均分。

（2）毕业设计的最终成绩分为优秀、良好、及格和不及格四个等级。

六、毕业设计的组织、要求

以院党政领导、教务办、教研室主任及督导办组成毕业设计领导小组，以强化对毕业设计各环节的组织领导，为确保毕业设计指导工作的质量，由领导委员会严格按照要求确定毕业设计指导教师。

毕业设计工作由指导教师具体组织实施。第一步由指导教师拟订题目，交教研室，并由教研室组织对毕业设计的题目进行讨论，然后报学院审批；第二步是将学院审批后的毕业设计题目下发到学生班级由学生进行选择；第三步是教研室针对学生的选题情况进行适当的调整，落实学生设计题目及指导教师；第四步是指导教师下发由教研室主任签发的毕业设计任务书。

以院领导、服装专业专家及专业教师和企业专业技术人员组成毕业设计答辩委员会，以强化毕业设计的答辩工作有序、高质量地进行。

制订：×××

2. 毕业设计实施方案

院（系）根据学校关于毕业设计课程的指导性意见制订详细的实施方案。

（1）成立毕业设计工作的工作领导小组，由学院院长或分管教学的副院长担任组长。

（2）根据教学大纲要求确定毕业设计的成果展示形式、答辩时间及答辩形式。

（3）提出毕业设计选题的原则性意见。

（4）对担任毕业设计指导教师提出资格要求。

（5）制订详细的毕业设计评分标准。

3. 毕业设计过程管理

（1）由服装设计专业主任进行任务的传达和平日的管理。

（2）成立毕业设计督导组，全程监控毕业设计过程，控制毕业设计质量。

（3）做好毕业设计课程初期的分配和检查工作。

（4）做好毕业设计课程的初期总结和意见反馈工作。

（5）做好毕业设计课程中期检查工作。

（6）做好毕业设计课程中期总结及反馈工作。

（7）做好毕业设计报告评阅教师的组织和分配工作。

（8）做好毕业设计评优和总结工作。

4. 毕业设计答辩工作

（1）成立毕业设计答辩委员会，主任一般由学术水平较高的教师担任；各专业应建立若干答辩小组，小组成员要求 4 人以上，其中一名必须是服装领域企业的专业技术人员，由学术水平较高的教师担任正副组长，评阅人员参加答辩小组。

（2）制订详细的毕业设计答辩组织工作方案。

（3）做好毕业设计答辩的场地落实工作。

（4）做好优秀毕业设计报告留档组织工作。

（5）做好毕业设计工作的总结及意见反馈工作。

二、进程和时间安排

毕业设计课程集中时间应不少于 10 周。

（1）在毕业设计开课前一学期初由学校教务处提出毕业设计的指导意见。

（2）学院（系）在毕业设计开课前一学期中前提出详细的实施方案，并上报学校批准执行。

（3）学院（系）在毕业设计开课前一学期中后安排毕业设计工作，完成题目申报、审题及向学生公布题目等工作。

（4）毕业设计课程开课后，指导教师即向学生分析毕业设计课程的相关任务和要求。整个毕业设计环节分选题、开题报告、毕业设计、答辩四个阶段。

（5）毕业设计中期，学院、教务处将会同学校教学评估与督导小组进行抽查。

（6）学期结束前，组织毕业设计的评阅、答辩和成绩评定，并将毕业设计及过程管理材料按学校有关规定归档。

（7）毕业设计环节结束后，组织有关专家和教师对毕业设计（包括评语和成绩）进行抽查，依据《毕业设计教学质量评估指标体系》进行考核，组织毕业设计工作总结交流会。

（8）答辩。

①在毕业答辩两周前成立答辩委员会。

②答辩委员会负责组织和领导毕业设计的答辩工作，审定学生的答辩资格，统一答辩

要求和评分标准，审定成绩及核定推荐优秀毕业设计。答辩小组主持具体的毕业设计答辩工作。

③毕业设计答辩是毕业设计教学环节中不可缺少的一环，每个学生都必须参加。答辩前学生应交齐毕业设计（论文）的有关材料。指导教师对每个学生的毕业设计进行认真、全面的审查，写出评语，提出建议成绩。评阅教师要认真评阅，写出评审意见，提出建议成绩。答辩小组逐个对有关学生的毕业设计进行答辩，并写出评语，提出建议成绩。

④每位学生答辩时间以 20 分钟为宜，包括学生自我叙述和答辩教师提问。

（9）具体进度安排如下：

① 1~2 周，选题、调研、收集资料，写出市场调研分析报告；

② 3~4 周，确定设计主题，出设计草图和设计效果图。由专业主任组织人员负责审查设计的选题方案；

③ 5~8 周，成衣制作。中期进行期中抽查；

④ 9 周，设计实现，整理材料，文本制作和指定总结报告；

⑤指导教师和评阅教师评阅，答辩，确定成绩。

三、成绩评定

（1）毕业设计成绩采用四级记分制：优秀、良好、及格、不及格四个等级。

（2）毕业设计的成绩评定由指导教师、评阅人和毕业设计答辩组三部分组成。毕业设计过程成绩占毕业设计成绩的 30%，由指导教师打分；毕业设计服装成品和设计文本制作成绩占毕业设计成绩的 70%，是指导教师、评阅人和毕业设计答辩组三者成绩总和的平均分。

（3）评定成绩必须坚持标准，从严要求，实事求是，力求反映学生的真实水平。一般情况下，成绩为优秀的学生数量不超过学生总数的 15%，成绩为及格和不及格的学生数量不少于学生总数的 10%。

（4）服装专业毕业设计评分标准。

例二：

服装设计专业毕业设计评分标准

一、优秀

（1）能熟练地综合运用所学的基本理论、基本知识、基本技能，独立圆满地完成毕业设计所规定的各项任务，并表现出较强的分析问题和解决问题的能力。

（2）能独立查阅文献，从事其他形式的调研，能较好地理解课题任务并提出实施方案，有分析整理各类信息、从中获取新知识的能力。

（3）毕业设计题意正确，设计有创新。制作工艺能独立完成并良好到位。

（4）在整个毕业设计工作中认真负责，严格按照任务书规定的进度开展工作。

（5）答辩时，思路清晰，概念清楚，能简明扼要、重点突出地阐述设计的内容，正确、全面地回答有关问题。

（6）毕业设计文本制作符合规范化的要求，层次清晰，语言表达准确，设计图、结构图清楚。

二、良好

（1）能正确运用所学的基本理论、基本知识、基本技能，较好地独立完成毕业设计课题所规定的各项任务，有一定分析问题和解决问题的能力。

（2）除查阅教师指定的参考资料外，还能阅读一些自选材料，能较好地分析、整理各类信息，提出较合理的实施方案。

（3）毕业设计题意正确，设计合理。制作工艺独立完成并到位。

（4）在整个毕业设计工作中比较认真，较好地按任务书规定完成各项工作。

（5）答辩时，思路、概念比较清楚，能比较流利、清晰地阐述设计的内容，能较正确地回答有关问题。

（6）毕业设计文本制作结构合理，基本达到规范化要求，层次较为清晰，语言表达较准确，设计图、结构图清楚。

三、及格

（1）基本掌握所学基本理论、基本知识、基本技能，在指导教师的指导下基本完成毕业设计所规定的各项任务，有初步分析问题和解决问题的能力。

（2）能查阅教师指定的参考资料，有简单的实施方案。

（3）毕业设计题意基本正确，设计基本合理，实际动手能力较弱。

（4）在整个毕业设计工作中态度较认真，在指导教师帮助下按期完成任务。

（5）答辩时，能阐明基本观点，但表达不够完整准确，回答提问时存在错误，经提示后能作补充或进行纠正。

（6）毕业设计文本制作结构合理，基本达到规范化要求，层次较为清晰，语言表达一般，设计图、结构图合理。

四、不及格

符合下面五条中任意一条均可判定不及格。

（1）对必要的基础理论和技术知识掌握较差，未能达到毕业设计任务书所规定的基本要求，分析和解决实际问题的能力弱。

（2）毕业设计题意有较严重错误或主要材料不能说明观点，设计不合理，实际动手能力差。

（3）未完成教师指定的参考资料的阅读，实施方案不合理。

（4）在整个毕业设计工作中态度不够认真，不能保证按期完成任务。存在弄虚作假的现象，设计抄袭，工艺制作非独立完成。

（5）答辩时，不能阐明基本观点，回答提问时答不出或存在原则性错误，经提示后仍不能回答有关问题。

（6）毕业设计文本制作一般，不符合规范，内容抄袭，设计图、结构图画的马虎。

四、推荐优秀毕业设计与总结

（1）每个班级可推荐1～2篇优秀毕业设计以及他们的毕业设计文本和制作完成的服装作品上报总院，作留档用。

（2）所有优秀毕业设计的详细摘要由系汇总后在毕业生离校前送交教务处，以便留存。

（3）毕业设计工作结束后，应整理包括毕业设计教学工作的通知、规定、各类汇总表、统计表以及工作总结等在内的全套资料，除本院留存外，还需在学期结束前将此资料交至学校教务处。

第二节　毕业设计课程学导角色定位及要求

了解了毕业设计的组织安排后，应明确指导教师与学生之间的角色定位和要求，便于毕业设计工作顺利开展。

一、毕业设计学导角色定位

针对当前的教学形势和社会的实际需求，让毕业设计课程的成果成为大学生向学校交的最后一份答卷，也是迈向社会的敲门砖。一定程度上要继续保持教师和学生的角色关系，同时改变教师和学生这种单纯意义上的师生关系，让教师和学生的师生关系转变成为企业的师徒角色和人事关系。如教师变成了企业中的设计总监，或者是设计师；而学生成了企业中的设计助理。这样的角色定位，目的是让教师和学生在所进行的工作中抛开学校的纯理论教学，不是单纯地为了应付一门课程而去完成作业，而是去完成能够适应社会、适应市场的设计作品，或者说是从作品到商品概念的转换。

二、毕业设计课程学导要求

毕业设计课程的指导过程是教学相长的过程，是教师检验自身教学效果、改进教学方法、提高教学质量的绝好机会，更是对教学效果的一次全面反馈。通过一对一的课程教学，对学生综合运用所学知识与技能水平进行检验，对存在的问题进行反思和改进，从而在教学上取得更大的收获。

（一）对指导教师的要求

1. 指导教师的基本条件

（1）指导教师一般应具有讲师、助研或工程师以上的职称。指导设计实践的教师应具有良好的专业技术素质、创新的设计理念、强烈的市场意识与实用观念、熟练的设计方法与技巧。只有这样，才能在新技术层出不穷、市场需要千变万化的时代，适应经济与社会快速发展的客观要求，才能指导学生真正获得应职应岗的能力。初级职称的人员一般不单独指导毕业综合实践，但可协助指导教师工作。

（2）可邀请理论水平高、实际经验丰富的专业技术人员担任毕业设计指导工作，可以促使设计和实际生产科研更紧密地结合。

2. 指导教师的职责与作用

（1）提出选题报告。该报告包括选题的依据、目的、要求、主要内容、进行方式、题量大小，以及准备的程度、现有技术和物质条件等，以供企业与学校系部进行课题审查，供学生进行选择。毕业综合实践题目确立后，指导教师要及时做好各项准备工作，其中包括拟定任务书、指导书，收集资料以及做好相关实验与实习的准备工作，联系就业企业或确定就业的目标企业等。

（2）及时指导。指导教师必须全面了解学生情况，分析学生的特点和条件，帮助学生选好课题，指导学生制订毕业综合实践的进度计划等，有针对性地培养和训练学生。指导教师要抓好关键环节的指导，如对学生设计与论证中基于实验实习方案的选择，并加强对设计方法与理论分析、数据处理与结论的检查工作。指导教师应掌握学生毕业综合实践的进度情况，并及时辅导，或定期、不定期地进行答疑和抽查，对学生严格要求，严格训练。指导教师要重视学生能力的培养和设计思想与方法的指导，使学生能独立地分析、解决问题，同时注意调动学生的积极性和启发学生的创造性。

（3）全面关心。指导教师要从德、智、体各方面关心学生的成长，做学生的良师益友。对学生在毕业综合实践过程中表现出的各种不良思想、言行和作风，应有的放矢地进行教育，帮助学生解决思想问题，帮助他们树立正确的人生观、世界观，尤其要树立良好的职业道德，学会做人，学会处事，从而为走向工作岗位奠定健康的思想基础。对不认真进行毕业综合实践和违反纪律的学生，指导教师要及时进行帮助和教育，及时处理。

（4）初评与督促。指导学生正确撰写技术应用设计说明书和实践总结报告等文字材料；向答辩委员会提出有关学生的工作态度、能力水平、毕业综合实践成果质量及应用价值等方面的评论、建议和意见，并督促和指导学生做好答辩前的各项准备工作。

（5）整理与推荐。指导教师要将所指导学生的毕业综合实践成果整理归档，并向院（系）推荐优秀成果。学生毕业综合实践的各种成果是反映毕业设计教学质量的历史记录，既有现实使用价值和参考价值，又有历史及教育研究价值。

3. 毕业综合实践的指导方式与方法

毕业综合实践的指导方式与方法是多种多样的，总的原则是要坚持启发式、循循善诱。具体地讲，可以有以下几种方法。

（1）指导教师应善于引导学生以正确的思想方法、科学态度和工作方法来完成毕业综合实践。指导教师要启发学生独立思考，一般只对毕业综合实践中的原则性问题进行指导，不能越俎代庖，代替学生修改或撰写。要保证毕业综合实践的科学性和思想性。学生要对毕业综合实践的具体数据、设计及逻辑性以及技术应用操作实效负责。

（2）指导教师应引导学生抓重点、抓关键。对重要环节要深思熟虑，仔细推敲，反复演算，严格把关。对不正确的设计思想和方法，对实践中不按规定操作的学生，指导教师要及时指出，令其改正。为了加强关键环节的训练，指导教师可设置思考题和难点，对学生进行质疑，使其加强对设计说明书与工艺制作等实践过程的认识与理解。

（3）指导教师要善于因材施教，调动学生的积极性、主动性和创造性。对学习较差、能力较弱的学生，指导教师在重点指导的同时，更要注意方式方法，鼓励他们独立完成，但不能包办代替。对基础好、能力强的学生，要提出高标准的要求，鼓励他们较深入地研究某些专题，发挥其独创性，争取有所突破。学生如遇到难题，指导教师应耐心启发教育，引导他们分析和钻研。对于学生普遍感到困难的共性问题，指导教师可组织专题讲座启发引导。

（4）指导教师应定期检查学生的工作进度及完成工作的质量，并及时与企业指导教师沟通。对学生提出的调研报告、设计方案、成衣制作等作必要的审查，并给予方向性的指导，启发引导学生深入思考。定期检查可在毕业综合实践进程中恰当安排，并及时总结经验。

（5）指导教师对学生应及时答疑。每周指导答疑的时间可根据课题内容及工作进度而定，一般每周 2~3 次，每次不少于 1 学时。答疑、指导应当与定期或不定期的检查相结合，使学生能及时取得教师的帮助与指导。对在外地较远途的学生，也要加强通信联系，通过网络进行指导，至少应有每月 1 次的现场指导。

（6）在毕业综合实践过程中，指导教师应注重学生之间的相互交流与学习，并针对设计中出现的某些设计思想和方法给予简要述评。这样，一方面可以提高指导的效果，优势互补，互相借鉴；另一方面也可引导学生深入思考，提高综合能力。

（二）对学生的要求

毕业综合实践教学是结合学生今后就业的职业岗位需要而展开的实践教学活动。它不仅可使学生把所学过的知识和技能综合地运用到实际工作中，而且能使学生掌握学习、钻研、探索的方法，为学生提供自主学习、自主选择、自主完成的机会，因此，毕业综合实践具有实践性、综合性、探索性、应用性等特点。为了富有成效地达到毕业综合实践的教学目的，必须对学生提出如下基本要求。

（1）学生在接到毕业综合实践任务书后，应积极主动地与指导教师联系，定期向导师汇报毕业设计的工作进度，听取导师对工作的意见。不要被动地等待指导教师召集。

（2）学生应及时提交毕业设计所规定的材料。学生应在导师的指导下，独立完成调研报告、流行趋势分析、设计及制作等过程，并及时提交毕业设计和相关材料。

（3）学生应在充分调研的基础上，制订毕业综合实践实施计划，列出完成毕业设计课程任务所采取的方案与步骤。毕业设计课程任务计划包括以下内容：①毕业设计课程题目与任务要求；②设计研究的主题；③毕业设计课程工作的进度计划；④预期的阶段成果及最终的设计成果；⑤毕业设计课程的文本制作和总结。毕业设计课程计划经指导教师审阅同意后方可实施。

（4）学生必须独立完成毕业综合实践的各项任务，严禁抄袭他人的实践成果或请人代替完成毕业综合实践任务等。如有剽窃、抄袭或伪造数据行为，经调查核实，以零分计，并按学校有关规定处理。对学校提出的基本工作量的要求，如市场调研、设计制作、文本制作总结等，学生应按计划定期完成。

（5）毕业设计形式要规范。毕业设计形式及撰写要求，按毕业设计工作实施细则具体要求执行，有关格式的具体规范，对达不到要求的毕业生，应要求其重新修改，否则不能参加毕业设计答辩。

（6）学生应做好毕业综合实践总结。毕业综合实践教学环节是学生自己独立承担实际任务的全面训练，不但锻炼业务能力，还可以得到思想道德方面的收获。学生应通过毕业综合实践真正感受到作为技术应用性人才应具有的精神和品质，即胸怀大志，勇于创新，刻苦钻研，执着追求，脚踏实地，勇往直前。做好总结对走向工作岗位具有重要的意义。

（7）学生在毕业综合实践答辩结束后，应上交毕业设计文本及电子稿，毕业设计作品等作留档使用。

（三）对毕业设计课程成果的要求

（1）独立完成，独立制作。

（2）严格按照学校规范来制作。

（3）成果要有较强的专业性和创新性。

（4）成果能转化为商品者予以加分。

第三节　毕业设计课程的一般程序

毕业设计课程因专业方向不同，职业岗位要求不同，学生各自的现有条件和已具备的能力水平不同，应该有不同的任务选择。

一、分析毕业设计课题的任务和要求

指导教师根据学院所下达的毕业综合实践任务书，要详细深入地分析，以便学生专业化、高质量、按时地完成任务。第一，要准确审题，明确任务的具体含义，明确技术应用设计的任务与要求、操作实践的任务与要求、设计文本的任务与要求等。第二，要分析重点，任务的核心部分是什么？收集资料的重点、难点在哪里？流行趋势分析的重点、难点

在哪里？设计重点与难点在哪里？设计的创新点在哪里？实践操作的重点难点在哪里？设计文本的制作规范要求怎样？做了重点分析以后，就可以在重点部分投入较多精力，多搜集有关资料，以便顺利、出色地完成任务。第三，要明确时间与任务安排。毕业设计课程必须按时完成。在任务书中，整个课程时间一般都有分阶段安排。对这个安排要心中有数，最好能订出详细的可行性计划，否则可能会影响任务完成或者影响答辩。

毕业设计任务书除了在其首页有学院（系）名称、专业、年级、指导教师、学生姓名、日期等栏目外，一般还应在内页中显现毕业设计的题目、课题的主要内容和基本要求、计划进度以及推荐参考文献等项目，如图 2-1 所示。

1. 题目

任务书上所填写的题目应与选题申报表中所定题目名称相同合，若有副标题，也一并写入。

浙江纺织服装职业技术学院

毕业论文（设计）任务书

课题名称：____________

分　　院：____________

专　　业：____________

指导教师：____________

学生姓名：____________

年　　月　　日

一、毕业论文（设计）的目的与要求：

二、毕业论文（设计）的内容：

三、毕业论文（设计）进程的安排

序号	论文（设计）各阶段名称	日期	备注

四、任务执行日期：

自_____年_____月_____日起，至_____年_____月_____日止。

学　　生（签字）________

指导教师（签字）________

分院院长（签字）________

图2-1　服装毕业设计任务书

2. 主要内容和基本要求

从任务书的宗旨来看，在项目中指导教师应向学生指明本课题要解决的主要问题和大体上可从哪个方面去研究和论述该主要问题的具体要求。指导教师在填写任务书时，表述内容要明确、具体，要具有引导性、启发性，以便给学生留下独立思考和创造的空间。

3. 计划进度

计划进度是指导教师制订的工作程序和时间安排计划。计划进度要做到程序清楚，时间分配科学合理，并应有一定的弹性。学生则要在自己的学习计划中结合这一进度计划，按最后批准的规定期限完成各阶段工作任务；这也是评价其研究能力和学习态度的重要依据之一。

4. 推荐参考品牌和相关参考文献

任务书所推荐的品牌和相关参考文献是指导教师规定学生必须调研和阅读的重要文献。这就要求指导教师应熟悉与课题相关的品牌和文献资料，了解该课题国内外服装流行的趋势和品牌流行的设计应用等。指导教师在填写好任务书之后，应交分院教学和副院长（或系主任）审核签字，然后及时下发给学生，以便学生尽快进入资料搜集和开题报告撰写工作。

二、选择毕业设计课题及实施与操作

（一）选择毕业设计课题

学生根据导师对毕业设计课题的任务分析，结合自己的专业爱好、特点以及有可能找到的职业岗位进行选题，确定选题的方向。选题非常重要，是学生完成毕业设计课程的第一步。

（二）收集资料、文献调研和制订实施计划

在确定了选题方向之后，就要围绕设计题目和设计任务来收集资料。资料收集的越多，针对性越强，对后续设计的实施与操作就越有帮助。

掌握了一系列的资料以后，就可以写出流行趋势分析报告和市场调研报告，还可以根据毕业设计课程课题与任务要求，确定毕业设计课程设计名称及实施计划，由导师确定认可后方可实施。

（三）任务的实施与操作

在上述材料完成后，就可以进入设计的实施和操作阶段。设计的实施与操作既可以反映毕业生的实施操作能力，也可以从实践的角度检验设计成果的科学性与合理性。设计的实施从设计草图开始，但在设计草图之前，要运用正确的设计方法和构思方法。为了圆满完成任务的实施与操作，务必注意下列三点。

1. 抓住关键

服装设计的课题内容多、涉及面广，既可以是一个品牌的设计，也可以是一个服装品类的设计；服装设计既需要服装基础理论、基本技能的知识，也需要营销、心理学、策划等非本专业的专门知识，可以说服装设计是一个涉及多门学科的系统工程。每个设计的项目都有一个非常关键的问题，紧紧抓住这个关键，其他的问题就比较容易解决了。所谓关键是相对而言的。在大范围内有关键问题，在小范围内也有关键问题，只要一层一层地抓，分层次地去解决，就会头绪清楚、条理井然。一个关键问题解决之后，新的问题又可能成为下一步的关键问题。

2. 掌握方法

方法正确，就可以顺利地完成设计，迅速地得到结果；方法不对，就会走弯路，甚至得出错误的结论。在明确设计的要求和任务之后，使用什么方法就成为一个突出的问题。设计工作虽然庞杂，但有它的基本规律；设计计算虽然复杂，但有它的原则步骤。因此，要了解这些规律，掌握这些步骤，并灵活地进行应用，在应用中加深理解。

3. 联系实际

所设计的方案是要实施的。能否开发实现？能否方便地操作？能否可靠地使用？能否达到设计指标与要求？这些都将受到实践严格无情的检验。

（四）设计成果的整理和总结

经过调研、分析、构思、设计、制作等一系列过程以后，就形成了具体的设计成果。在此基础上，就要通过汇总整理，编写成规范格式的设计文本，作为毕业设计课程的成果之一。

三、成果总结、整理与答辩

要认真总结、整理毕业设计成果，并形成综合的技术应用文本、图样、实物等，以供导师和答辩组织评审之用。

毕业综合实践的答辩是集体审查毕业综合实践成果质量、评定学生成绩与应职应岗能力水平的重要手段，也是学生全面回顾、总结自己的毕业综合实践成果并进一步提高的过程。

以上对毕业设计课程的一般程序作了简要介绍，必须强调的是，现实毕业设计课程的具体程序可以根据职业岗位能力与任务的要求不同而有所调整。

总结

1.毕业设计的组织安排、成绩评定及优秀毕业设计的推荐。

2.目前一些高校的毕业设计课程教学改革现状。

3.毕业设计课程中学导关系的角色定位及要求。

4.毕业设计实施与操作的方法——抓住关键、掌握方法、联系实际。

5.毕业设计的一般程序。

作业布置

每人填写一份毕业设计任务书。

第三章　毕业设计课程的选题

课题名称： 毕业设计课程的选题

课题内容： 毕业设计课程的组织方法与选题来源、毕业设计课程任务的选择与配置原则、毕业设计选题要求

课题时间： 2课时

教学目的： 通过教师对本次毕业设计选题方向的分析，让学生了解本次毕业设计课题的内容。

教学方式： 以教师讲解、分析案例为主。

教学要求： 1.教师针对本次的毕业设计选题方向对学生进行分析。

2.教师对毕业设计大纲要求进行分析。

课前准备： 教师对本次毕业设计选题方向进行解读。

明确了毕业设计课程的组织安排、管理要求、学导角色定位和要求及毕业设计的一般程序后，就可以逐步深入到毕业综合实践的具体工作中了。本章主要讨论解决毕业综合实践的具体课题任务的组织选择与准备问题，包括课题任务的来源与组织办法、课题任务的选择原则与要求等。

第一节　毕业设计课程的组织方法与选题来源

一、毕业设计课程的组织方法

毕业设计课程是学生在校最后的一门学习课程，根据高等技术高素质、高技能、应用型人才的培养方案，要实现学校与社会用人单位具体岗位或岗位群之间的零距离（或近距离）的要求，毕业设计课程必须紧密结合企业现实岗位或岗位群的实际要求，紧密结合企业或行业的规定要求。毕业设计课程选题应从用人单位或企业面临的实际问题中筛选，通过与就业职业岗位的应职应岗能力要求相一致的技术应用设计实践和岗位操作技能实践来进行选题。为此，学校与企业之间必须有非常紧密的合作，专业教师和企业专业技术人员之间必须有业务或工作的相互渗透或结合。

二、毕业设计课程的选题来源

（一）指导教师准备课题任务

毕业设计课程指导教师承担着高职高专教育人才培养最后一道工序的任务，责任大，要求高。这就要求指导教师也应该面向市场，了解市场对人才的需求，了解企业职业岗位或岗位群的应职应岗能力具体要求；同时，深入研究本专业毕业生应职应岗的能力要求。在此基础上，结合现实职业岗位实际来组织与筛选课题。与“企业生产以市场为导向”相呼应，学校教育则必须“以就业为导向”。

进一步说，有些人才需求并不是直接可以看出来的，市场实际上存在着对人才潜在的需求。随着行业、企业和新兴产业的发展，新的职业岗位将会产生，这是一种潜在的人才需求。因此，指导教师应善于预测企业与行业的发展趋势，运用“社会主义市场经济”的原理，开发适销对路的新型人才，以满足市场的潜在需求。

指导教师只有自己掌握了相应的应职应岗能力，并胜任企业的技术应用性工作，得到了用人单位的认可，甚至成为对口专业企业某方面的技术应用专家，才有可能指导毕业生获取相应的应职应岗能力，才有可能选取合适的毕业实践课题任务。

在确定了指导教师之后，由每位指导教师根据自己所承担的项目或课题，结合用人单位或企业面临的实际问题，根据与就业职业岗位的应职应岗能力要求相一致的技术应用设计实践和岗位操作技能实践来提出 5 个毕业设计课程题目。由教务处综合每位教师上报的课题题目进行筛选，确定本年度毕业设计的选题要求。

（二）面向用人单位，立足具体的职业岗位

作为一个指导毕业设计课程的导师，应该非常明确如下问题：自己所教专业的毕业生能够胜任哪些岗位？这些岗位的稀缺程度如何？这些岗位应该完成哪些关键性的专业技术工作任务？就业的岗位之间应职应岗能力有哪些异同点？自己培养的毕业生应该做怎样的补充辅助训练才能胜任岗位等。在明确这些问题以后，再分析提炼出岗位的关键职责与任务，最后形成毕业综合实践的相应课题任务。

（三）订单培养和提前确定就业岗位

订单培养或提前确定就业岗位的毕业设计课程，应针对实际工作岗位需求选题，应更多地征求用人单位技术专家与企业管理专家的意见。

第二节　毕业设计课程任务的选择与配置原则

毕业综合实践的任务选择与配置是关系到毕业生培养质量的复杂而又重要的课题。专

业方向的不同，岗位需求的不同，毕业生的原有基础、特质与志向的不同都会影响毕业综合实践任务配置要求，毕业综合实践任务的选择与配置需遵循一定的基本原则。

一、任务选择与配置的系统性与重点性相结合的原则

毕业设计课程任务选择具有系统性。首先，从培养目标角度分析，高等职业教育所培养的高等技术应用性人才或高技能人才是大专层次的毕业生，应该强调高素质职业性的特色；其次，从作用角度分析，毕业设计课程教育重在培养与检验学生的应职应岗能力，因而要求毕业生系统综合运用知识、素质、技术、技能和能力等，解决针对职业岗位的有关实际问题，从实践中进一步巩固、深化与提高，实现人才培养目标。毕业设计课程的任务选择又具有重点性，课题任务的选择一般应该反映应职应岗所需的综合能力，但考虑到学生的个体差异性，考虑到专业方向和就业岗位的差异性，因此设计、实施操作以及设计总结说明三个方面任务的重点应当有所差别，以体现“因材施教、因岗施教、材岗结合、重在上岗”的基本思想。例如，有的岗位偏重于实施操作技能，则应提出动作技能的高层次要求；有的岗位偏重于方案策划设计，则应该偏重于创新技能的要求等。不过设计与技术是服装行业技术应用能力中相辅相成的两个方面，毕业综合实践应当有这两方面的任务，以体现毕业实践课题的系统性与重点性相结合的要求。

二、任务选择与配置的深浅度相结合的原则

事实也已证明，由于学习个体的学习能力、原有知识、素质、能力的差异，毕业生实际解决问题的能力水平也必然会有差别，有时这种差别还比较大。因此，毕业实践教学环节中课题任务的深浅度应该坚持一般性与个体发挥性相结合。课题选择既应该确保上述设计、操作以及分析研究等诸方面的基本训练与考核要求，同时又应该有利于学生根据个性特征发挥其创造性。

三、任务选择与配置的独立性与合作性相结合的原则

毕业实践课题选择一般应考虑学生的独立工作能力，何况毕业生的就业岗位就有差异，因而课题选择原则上要一生一题。对于有些任务相对较重且就业岗位性质又相近的课题，也可考虑多名学生共同完成，但必须界定不同学生各自的任务，以培养毕业生独立思考、独立解决实际问题的能力。毕业实践训练与考核是一项由设计能力、操作技能及论文撰写能力等多方面要求的综合考核，因此，多名学生共同完成一个较大的实际问题，任务分解还是有可能的。强调学生的独立思考而且要强调善于合作，只有在独立思考的基础上形成的独特见解，才是参与合作与讨论的基础。同时，在互相讨论交流中还可以进一步获得独立思考问题的信息，弥补自己的不足。

第三节 毕业设计选题要求

一、以实用服装设计为主线进行毕业设计选题及要求

以实用服装设计为主线进行毕业设计选题，必须遵循以下五点要求。

（一）明确目标消费群

服装是针对人的设计，这个人就是消费者。根据年龄、兴趣爱好、职业、文化修养、宗教信仰、生活方式、经济水平、消费水平、着装风格等，可以将消费者分成不同的消费群体。实用成衣的设计，就要针对目标消费群体进行设计，通过调研对消费者进行细分，明确消费者市场定位，有针对性地展开设计。

（二）了解流行趋势与信息

服装的流行趋势变化非常迅速，每年都会有不同的机构发布色彩流行趋势、面料流行趋势、款式流行趋势、图像流行趋势等，并且随着科技的进步，一些新型的高科技面料应用到服装中。因而设计者要把握当前服装趋势动向，及时捕捉时尚资讯、潮流动态、新技术动向、新材料流行动向，并能适当地应用到服装设计中。

（三）明确市场导向与消费需求

随着人们生活方式的改变，着装方式也随之变化。如 2008 年世界金融危机，一些西方国家的人们降低了着装支出，服装市场疲软。而这几年随着经济的复苏，人们的购买欲望又有所提升。另外，年轻人爱时尚，但经济水平有限，因而，近几年市场上出现了“快时尚”品牌，时尚价廉，满足了消费者的消费心理需求，引导了消费市场。

（四）明确作品风格定位

针对市场定位，根据目标消费群的消费需求明确服装设计作品的风格导向，确立作品风格趋势。风格的设计既要统一，也要有前瞻性。如现在混搭的时尚潮流中，将正装西服与牛仔裤相搭配，塑造出另一种帅气和时尚。

（五）实用性、时效性与创新性、审美性相结合

服装是时效性、季节性、实用性非常强的行业，在满足市场消费这几个方面同时，应具有一定的创新性，避免与同类产品雷同缺乏差异性，不能满足消费者的个性需求，还要符合市场审美需求。

二、以创意服装设计为主线进行毕业设计选题及要求

以创意概念服装设计为主线进行毕业设计选题，设计主题的范围可以根据当前社会的重点话题来进行命题，如世博会主题，东方情结等；也可以根据自然界素材、民族文化、艺术思潮等来命题，如海洋畅想、苗乡风韵等。创意概念服装设计主要是培养学生的创造性能力，强调原创性，因此在形式上、材质上的表现不受约束，更能挖掘学生的想象力。

其选题要求主要有以下四点。

（一）建立设计理念

创意服装更大程度上满足的是人的精神需求，因而，创意的服装通过建立强烈的设计理念和主题，表达设计师对文化、艺术、哲学、科学、现实、未来、理想、生活等深层次的思考。

设计理念的建立来源于悠久的历史文化积淀和艺术美的启示，它将来自于生活的建筑、艺术、音乐、传统的文化以及大自然体现在服装的形式之中，让人们对此所表现出来的思想和内涵产生深刻的思索，且建立共鸣。

（二）尊重生活和自然

创意是精神与物质的需要，基于人们的渴望促使服装不断地变化。创意概念服装虽然强调艺术性和思想性，但创意的渊源来自于生活和大自然，它要考虑不同人们的生活习俗、宗教信仰、自然的和谐以及现在生活所提倡的环保思潮等，因而创意服装既要充分发挥创意灵感的想象力，但依然要为生活服务，以尊重生活为前提。

（三）具有新颖性和独特性

新颖性和独特性会使服装形式产生强烈的视觉冲击力，吸引观众的眼球。这种新颖性和独特性可以是材质应用的创新，可以是造型结构的创新，可以是肌理的创新，可以是图形装饰的创新，也可以是色彩上的创新……表现形式多元丰富，打破传统的思维界限，将传统的形式以全新的时尚形式呈现。

（四）具艺术唯美性

其审美表达与文化内涵能带来精神情感诉求的感受，达到艺术性的唯美追求。因此，在服装形式上要讲究韵味和意境，突出艺术的美感。

总结

以实用服装设计为主线进行的毕业设计必须以市场为导向，遵循时效性、实用性和创新性的原则。以创意服装设计为主线进行的毕业设计强调原创性，尊重生活和自然，因此，其在形式上、材质上的表现不受约束，主要发挥想象力和创造性。

思考题

1.毕业设计课程的任务选择与配置基本原则是什么?

2.毕业设计中实用成衣设计与创意概念服装设计两类方向的选题要求各是什么?

第四章　以实用服装设计为主线进行毕业设计选题的设计指导

课题名称： 以实用服装设计为主线进行毕业设计选题的设计指导

课题内容： 选题、定题、设计构思、制订设计方案、设计实施、设计实现

课题时间： 9周

教学目的： 通过以实用性服装设计为主线的毕业设计，旨在培养服装设计专业学生整合已学知识，通过毕业设计掌握实用性服装设计的工作流程、工作内容和工作方法。培养敏锐的时尚思维，以独特的眼光捕捉市场的卖点，确保服装设计的原创性、实用性、流行性和时代性，为今后从事服装设计工作奠定基础。

教学方式： 以单个学生为单位，由学生自主选题、定题，然后展开信息的收集、构思、设计和制作。教师在学生毕业设计的过程中采用一对一的沟通与指导，达到教、学、做、创一体化。在这一过程中较多采用讨论法、分析法、启发式、案例法等互动性强的教学方式，充分挖掘学生的创新思维和专业的综合能力。

教学要求： 1.让学生了解《毕业设计指导书》选题的要求。

2.让学生结合自我发展的职业规划和自身的专业能力，确定毕业设计选题。

3.让学生了解资料收集对设计的重要性。根据确定的选题，展开调研、构思，确定本次毕业设计的设计主题和设计方案。

4.让学生掌握实用装设计的构思方法和设计的表现方法。在设计中抓住设计的时效性、时代性、市场性及实用性。

5.让学生能够整合已经学过的知识，从板型、工艺、色彩以及面料、图案、结构的细部设计出发，达到对设计的整体性把握。

6.让学生了解成本核算的方法，以及成本在服装设计中的重要性。

7.让学生掌握通过服饰搭配和拍摄完成服装的二次创意设计。

8.让学生掌握毕业设计文本的制作。

毕业设计是让学生对已学的知识进行梳理、整合，根据毕业设计课程的任务要求，进

行系统的作业练习，使知识得以巩固、贯通和创新。

实用服装设计是指成衣设计。成衣是为团体或大众消费者而设计的，是尽可能地让消费者通过直接购买就能穿着的服装，具有时效性和适时性的特点。要成为被消费者所接受的服装，必须根据消费者的需求，展开市场调研，了解市场及市场的分布特点，消费者的需求动态和购买特点，当今社会流行的趋势，人们的生活方式……对市场、对消费者进行反复的观察、调研和分析，针对目标消费者去实施设计，对织物、色彩和款式设计做出创造性的设计，让设计的服装得到消费者的认可。

作为一名服装设计师，具备敏锐的眼光，及时捕捉市场信息和消费者需求，是最基本的职业素养。另外，在进行服装设计时，不要就服装而进行服装设计，而是要将服装设计看成有生命的物体，注释重要的思想性、故事性、功能性。如国际上成功的品牌设计，都是赋予了品牌以生命和故事，才使它的服装在被消费者接受和喜爱的同时，接受了一种文化和理念。

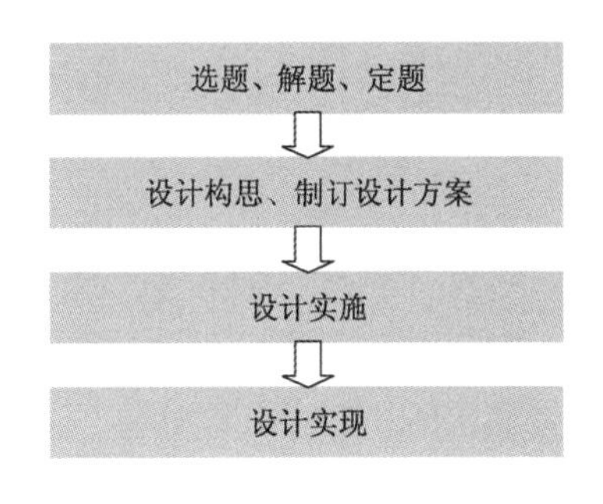

图4-1 实用服装设计流程图

实用服装设计的流程图如图 4-1 所示：选题、解题、定题；设计构思、制订设计方案；设计实施；设计实现。

第一节 选题、定题

对于毕业设计来说，每年毕业设计指导委员会都会根据当下的政治、经济、文化、服装流行趋势，结合社会动向以及重大的社会事件，等给出毕业设计选题。选题有多个，学生可以自由选择。如我院 2018 届毕业设计有三个方向：根据 2018~2019 年秋冬流行趋势设计（哲思冥、天觉灵、幻梦影、同相融）；竞赛项目（根据各类竞赛项目为主题）；工学结合（根据岗位实习情况选定）。并相应提出了设计要求。比如，服装设计作品要求：独立设计服装概念版；独立设计服装作品一系列 5 件套，选做其中 3 套，材料不限，需要有创意性、时效性、流行性；符合主题风格，成衣或创意装，服装类别不限；款式风格鲜明，色彩搭配合理，时尚感强；作品完成度高，整体服饰配套合理。

一、选题

选题是毕业设计指导第一步，指导教师根据学院当年的毕业设计各个选题进行解题，即对各选题进行内涵的诠释，同时引导学生结合自己几年来的学习兴趣、设计偏向以及今后的工作愿景等进行选题的确定。比如，有些喜欢男装的学生可以以男性为设计对象进行毕业设计的创作，通过毕业设计的学习过程加强对男装设计的理解和深入。

选题的原则主要从当下服装潮流、社会动向、艺术文化思潮以及职业岗位结合度四个方面考虑。下面就 2018 届给出的三个选题进行分析。

（一）2018~2019 年秋冬流行趋势

设计是需要有前瞻性的，本次毕业设计根据 2018~2019 年秋冬流行趋势来进行。流行趋势是以市场为基础，以流行、社会重大事件、消费者信息等大量基础资料的收集为前提，再进行分析和预测。随着人们物质生活水平的提高，以及全球化的信息资源共享和竞争压力的增大，近几年流行色的趋势都是从色彩如何将人们从压力中舒缓过来，从色彩给予人们的能量方面入手，与当下人们所提倡的正能量有着异曲同工的联系。或者通过实验室的色彩增加科技感、人工时尚感，以区别自然的色调。所以说设计来源于生活，生活提升设计。

本次毕业设计以《新众生》作为大主题，参照 WGSN 2018~2019 年秋冬流行趋势，拟定以下四个设计主题模块方向："哲思冥""天觉灵""幻梦影""同相融"。

"哲思冥"聚焦知识、人力和闲暇生活的未来走向，如图 4–2 所示。该主题模块探索教育所重视的启蒙运动，体现的是设计师"回顾过去，立足当下，放眼未来"的设计理念。从过去找寻灵感并非只是一味地感伤和怀旧，而是希望为单品注入一丝经典格调。简约功能性成为焦点。时而怪诞、时而复古的学院风造型映射新一代对理智主义的反叛。服装的舒适度也至关重要，工装与休闲装之间分明的界限也愈渐模糊。其关键词有学者造型、图书管理员、模范学生、建筑师、白领风范、浓浓诗意、简约颓废、正念现代主义、复古叛逆者、静谧休闲风等。

图4–2 "哲思冥"概念图

"天觉灵"强调本能的力量，如图 4–3 所示。在这个数据占主导的时代，该主题模块鼓励我们要相信本能，重新审视人类与环境的关系。天然材质、触感表面、绗缝和精致装饰都是该主题的重中之重，可持续发展是打造做旧和耐用服装的关键。设计师还从世界各地的传统手工艺中汲取灵感，不仅融合了全球风民俗元素，还沿袭了历史悠久的传统技艺；除此之外，现代科技材料也被用来和传统的印花及图案结合；而层搭毛毯和废弃面料也成为打造既复古又新潮单品的关键元素。

图4-3　“天觉灵”概念图

“幻梦影”趋势聚焦创新科技对时尚的影响，以及亚文化启发而来的新式实用主义设计，如图 4-4 所示。扩增实境创造无限可能，令小众风格获得了更广泛的认可，也让我们得以在这个时代自定义身份、推崇灵活的性别理念，以及张扬个性。该主题模块还从科幻主义以及创新的人体形态中汲取设计灵感，运动装强调更大更夸张的板型，未来风格的反乌托邦制服适合那些喜欢利用穿着新潮服饰来彰显自己与众不同的消费者。

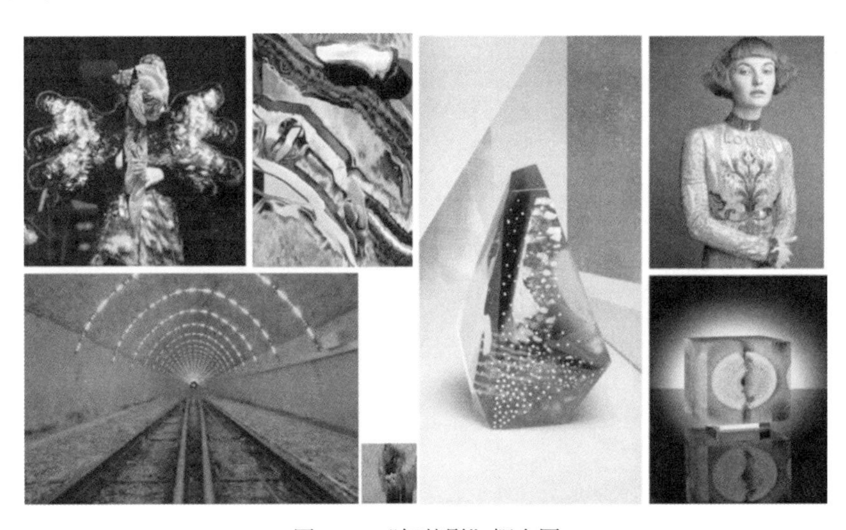

图4-4　“幻梦影”概念图

在数字时代，“同相融”趋势聚焦越发全球化的街头文化，来自世界各地的灵感迅速融合混搭，从局部造型和视觉融合里汲取灵感，为打造混搭风格的叛逆年轻街装带来参考，如图 4-5 所示。该主题模块充满青春气息，是各类风格的融合，并极具怀旧感。鲜艳色彩和对比图案相结合，为原本平常的造型注入新意，运动风和休闲风所占比例也几乎一致，经典单品则采用奢华面料。

图4-5 “同相融”概念图

（二）“竞赛项目”选题诠释

以竞赛项目为选题的设计，是以参赛项目的主题和设计要求为设计依据，对参赛设计的主题所兴起的文化思潮、新的生活方式和着衣理念进行深层次挖掘和提炼。

图 4-6 是中国（大朗）毛织服装设计的金奖作品“Nothing”，使用黑灰二色结合毛线抽拉等特殊工艺将毛织产品时装化，且表现了“Nothing”的主题。

图4-6 中国（大朗）毛织服装设计金奖作品“Nothing”（图片来源：穿针引线网）

（三）“工学结合”选题诠释

工学结合的毕业设计是结合学生实习单位的具体可操作性的项目来进行毕业设计。如学生在男装设计公司上班，就可以结合公司的男装设计风格做一组产品设计，作为毕业设计。

如何来进行工学结合的毕业设计呢？实习学生要对实习单位的情况有所了解：了解实

习单位服装的风格特点、品牌定位以及设计对象；也可以去观察或临摹实习单位现成的款式；还需要进行市场调研，了解市场动态和同类品牌的设计特点，收集服装流行趋势的资料及信息，进行创新性的设计。这样才能设计出符合实习单位设计风格和符合市场销售特点又有时尚特点的服装。工学结合的毕业设计可以让学生较快地适应就业环境。

二、确定主题

经过教师对相关选题解题之后，学生可以去查阅资料，结合自己的实际情况、设计的偏好，以及自身的职业规划来进行方向性的定题。

主题的确定以体现特长、发挥兴趣并同职业规划相结合的原则。

（一）体现特长

从上述三个选题来看，选择“2018~2019 年秋冬流行趋势”选题的学生会比较多。因为这一主题涉及的范围比较广，可以让学生天马行空，充分发挥想象力，加之流行趋势已经给出的关于色彩、材料、款式、图案等前瞻性、故事性的解释、有设计出时尚作品的可能性。可以根据自身的兴趣、特长，选择“工学结合”主题和“竞赛项目”主题。

（二）发挥兴趣

兴趣是最好的动力和营养剂。现在学生对时尚有较强的敏感度，本身也是个性独特，各自有喜欢的品牌和着装特点。相对来说，以兴趣来选择主题能更好地做出独特的毕业创作。对有些学生而言，毕业设计是学生生涯中最后一次完整地做设计作品，因此，可以根据几年来积累的经验和兴趣爱好选择选题方向。

（三）同职业规划相结合

如果此时的学生已经找到工作，或已经有了明确的职业方向，选择“工学结合”的选题会比较好。因为这样可以让学生在教师的指导下，使设计更具有针对性，减少实习期的迷茫，能更快地适应就业环境，尽快进入工作状态。并且根据工作岗位设计出来的作品，更贴近市场需求，为学生更好地了解品牌风格和消费者的消费理念和着装方式打下很好的设计基础。

确定了主题也就可以有针对性地去收集和分析资讯，为设计做好充分的实战准备。

第二节　设计构思、制订设计方案

毕业设计选题方向确定以后，要先进行设计的构思，而不是马上画设计草图。设计构思的切入点要以大量的信息资料收集和分析来拓展思维：或是对生活方式的引导；或是某一种思潮、社会问题的思考；也可以是通过服装传达一种情绪或以一个偶像作为设计的灵感。

设计构思、制订设计方案的步骤如图 4–7 所示。

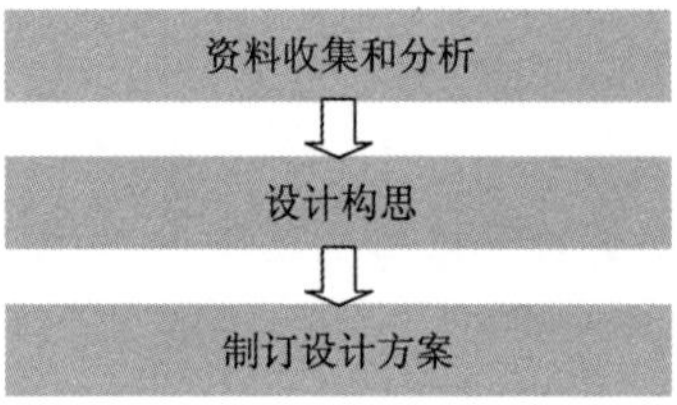

资料收集和分析

设计构思

制订设计方案

图4–7　设计构思、制订设计方案步骤

一、资料收集与分析

服装设计师需要不断寻找新的设计灵感，以保持其设计的新鲜感、时代感。从这个意义上来说，设计构思就需要以不断地留意周围的信息和收集资料为基础，没有充分的资料收集就不可能有好的设计。

（一）资料的收集

资料收集主要从资料收集的目的、资料收集的途径以及资料收集的内容三个方面展开。

1. 资料收集的目的

资料收集的目的是为有效的毕业设计决策服务。资料收集可以滋养想象力，激发大脑的创造性思维，设计出既符合市场需求特点又能区别于其他服装品牌的服装。

2. 资料收集的途径

收集资料的途径可以分为两种：一种是二手资料的收集；另一种是实地资料的收集。

二手资料是指已经被整理过的资料。二手资料公布的途径有很多，如网络、电视、广播、书籍、杂志、报纸、调研报告、音像资料、微博、微信、直播平台、小红书等，可以是文字形式也可以是图片形式，还可以是动态的媒体传播方式等，通过查找、阅读、购买、交换、接收等方式进行与研究项目有关资料的收集。

二手资料的收集方法是指调研人员通过对现成信息进行收集、分析、研究和利用的行为方式。通过二手资料的收集，既可以获得间接的资料，又可以迅速掌握有关信息，使自己对市场情况有初步的认识，为进一步深入调查奠定基础。在二手资料的采集过程中，学生还可以通过新时代的职业去收集信息。

实地资料的收集也被称为是第一手资料的收集，是必须本人亲身体验收集资料的行为。主要是通过实地考察、问卷等的市场调研方式获得。

资料收集是运用科学的方法，有目的、系统地收集、记录和整理市场信息，借以分析、了解市场变化的态势和过程，研究市场变化的特征和规律，为市场预测、经营决策、设计研究提供依据的活动过程，是一份创造性的调研活动。主要的方法有观察法、访谈法和亲身体验法。

（1）观察法。观察法是调研人员作为一个市场的旁观者进行身临其境地观察，通过眼看、耳听、手记，对顾客的行为和客观事物进行观察。观察包括观察人的语言、表情、动作、流动情况等，以及产品上柜时间、销售情况、产品风格特点、销售员销售特征等，从而掌握第一手市场信息。

当然，由于观察法是通过调研者自身的观察进行调研，因此，在调研时应做到客观、选择具有代表性的对象和时间进行调研，避免只观察表面现象。

观察法的基本步骤是：选定研究对象——确定研究题目——进行观察并记录——资料分析。如选定“街头复古时尚”为主题的研究对象，在明确了研究对象之后，接下来就要进一步考虑“解决这个设计主题”需要调查哪些方面，即必须收集资料的项目。如表4–1是根据“街头复古时尚”为主题所列出的研究题目。带着问题去调研，问题的设计要有针对性，这对最后的市场决策或设计决策很有帮助。这么多的研究题目，并不是一天、两天可以完成的，而是平时就要养成观察的习惯，掌握观察法的要领，提高观察能力的同时做到积累经验。

表4–1 “街头复古时尚”主题研究的题目

序　号	研究的题目内容
1	市场上已有的典型的街头复古时尚品牌有哪些?
2	这些街头复古时尚品牌的共同点?
3	这些街头复古时尚品牌各自的设计特点：用色特点?用料特点?款式特点?细节设计特点?
4	各自针对的消费群体?消费者有什么特点?
5	各自优势产品及比例?
6	产品价格?
7	各自卖场形象及其陈列特点?
8	有没有市场上空缺的街头复古时尚服饰?
9	流行的是几十年代的复古服装?这些复古服装的特点?
10	为什么复古服装会流行?针对的是什么样的消费群?

（2）访谈法。访谈法是指通过询问的方式向被调查人员了解市场资料的一种方法，这种方法访问灵活，在有无问卷的情况下均可进行。调查人员可以设计一份结构严谨的问卷，在访问过程中严格遵循问卷预备的问题顺序提问，这样方便处理资料。

选择访谈和问卷调查的对象是非常重要的。比如，有一次笔者设计了一份有关男装方面的问卷调查，委托几个学生进行调研。结果学生是到妇儿医院让正在抱小孩等看病的妇女或者服装企业的服装工人填写的。看病的妇女和服装工人成了男装的调研目标和时尚人群，可想而知问卷的调研结果参考价值肯定不是很大。

（3）亲身体验法。亲身体验法在市场调研的实操环节中是非常重要的一种方法。它是调研者在进行市场调研的过程中，亲自试穿服装，或让同伴去试穿服装，感受服装板型、工艺、面料与设计的关联度，同时真切感受服装陈列效果与真人穿着效果之间的差距。

3. 资料收集的内容

收集资料之前需要针对主题进行有目的的内容收集。包括服装信息、消费者信息、市场信息、社会信息、流行信息、产业链信息等。

（1）服装信息。服装信息首先从国际著名服装设计大师的时尚发布会和国际奢侈品牌、设计师品牌和原创性品牌中去捕捉，因为这些品牌设计师的发布会原创性强，引导服饰潮流，具有强烈视觉冲击力的设计特点。同时，这些有着悠久历史的品牌或者设计师个性的品牌，都包含着独特的品牌文化、品牌个性和品牌魅力。

（2）消费者信息。不同的消费者会根据各自的生活方式和个性特点，不同程度地汲取流行元素。比如，有些人非常追逐时尚，有些人则是时尚的迟缓派，还有一些人则干脆对时尚毫无感觉；有些人喜欢职业风格，有些人则喜欢休闲风格，有些人喜欢淑女风格，另一些人则喜欢运动风格等。所以设计师有必要去研究消费者的消费习惯、消费心理、生活方式给予针对性强、适时性强的设计。而对于设计而言，只有适合的才是最好的。

（3）市场信息。不同的市场针对的消费群体是不一样的，不同的商场定位吸引了不同的消费群体。同样是百货商场，有的是针对当地高端消费的时尚消费群体，有的是针对普通老百姓的消费群体；有些是针对时尚年轻的群体，有些则是面向大众。可见，不同的市场中，即使是同一品牌所陈列货品特点也是不一样的。在如今大数据的时代，可以通过销售数据分析畅销款、畅销色彩。比如某些品牌通过大数据分析出服装款型各部件的畅销细节，对下一步的设计开发有很大借鉴指导作用。对于未来的设计师而言，了解市场就能对这些市场的信息保持敏锐的洞察力。

（4）社会信息。服装是一个国家、一个民族在一定社会时期政治、经济、文化、艺术、宗教等社会思潮和文化进步的反映。因此，应对社会中关于建筑、家具、戏曲、艺术等文化艺术形态和社会动态方面的信息进行必要的收集。

在21世纪，人们的着装观念发生了非常大的变化。随着生活水平的提高，追求自然、向往和平、以人为本的生活意识就要求设计师在服装中体现人性化、个性化的特点。为迎合现代人的审美特点。服装不再是完全依附于设计师的原创，或是模仿富贵人群的穿着打扮，也无关乎T形台上的最新发布和20世纪的款式复制。实际上，活跃的文化交融使得很多时尚的消费者更愿意自己进行二次设计，穿出个性是形成某些消费者需求和欲望的真正原因。女性的思想解放和独立、青少年所崇尚的“街头文化”（Hip-Hop）以及后现代主义思潮也是21世纪时尚变化的焦点。随着消费市场日趋多元化，以经济收入为标准划分的“时尚圈”也日趋增多，人们在衣着上更富有创造性。这既为未来设计师的个性化创造提供了很好的舞台，同时也为设计师提出了难题——要吻合现代消费者多变的口味不是件容易的事。

经济水平直接影响消费者的消费能力，当地的风俗人情、宗教信仰、气候特点同样影响消费者服装的选择。

（5）流行信息。今天，信息技术的持续发展使人们对于世界各地不断涌现出的设计信息产生目不暇接的感觉，而获取和接受时尚信息的渠道也是非常之多，比如，杂志、书籍、广播、网络和电视等，而且还有像电视明星、名人、乐队以及大型时尚事件和设计师的发布会等有力影响并且潜在的流行传播，同时还有《*ELLE*》《时尚装苑》《流行》等杂志给出如何跟随时尚主流的范例。

国内外专业的展览会如：纱线、纺织、服装展览会等，也是捕捉流行时尚信息的场所。如意大利一年两次的马蒂男装展、法国的第一视觉面料展、中国一年两次的服装博览会和服装设计周等，以及品牌公司的相关报道和宣传。

（6）产业链信息。面辅料是服装设计的物质支撑，设计师要了解服装产业的产业链信息。比如，某一年度各种原材料价格涨得非常快，使得本来就存在大量库存积压的服装产业，必须采取应对的方式：提高产品的设计价值，减少库存。这是目前中国服装产业转型期所必然要做的一件大事。对于服装设计师从业而言，是一个非常好的时机。

捕捉服装面辅料信息的渠道很多，如各种面辅料展会、杂志、新闻……还有面辅料供应商和面辅料市场。通过各种展会和流行信息可以找到最新流行的面辅料，但这些新颖的面辅料在市场上往往都找不到，一些供应商只给目标客户进行定织定染，在毕业设计中，学生只能到现有的面辅料市场去寻找。虽然这些面辅料比较大众化，但可以通过一定的款式设计和面料再造、装饰、图案的工艺设计进行再创造。

在捕捉面辅料市场开发动态的时候，设计师应了解面辅料的生产周期、价格以及每款面辅料的起订量，为产品按时上市提供保障。设计师为了设计出与众不同的产品来，面料往往采用定织定染的手法。此时就必须了解面料在没有坯布情况下的生产周期：衬衫面料生产周期为15~45天，毛衫生产周期为60天左右，T恤生产周期为30天左右，毛料生产周期为30~90天等。一些设计公司为快速反应设计流行，会备好一些基本类型的面料坯样，这样只要在坯样上进行染色或后处理，就可以生产服装了。

信息收集得越具体、越丰富，对设计的帮助就越大。当然在收集流行资料，要对目前市场上所应用的流行资料进行对照。要求在查看流行资料时，对相应的款式及设计细节进行动手的操练，利用设计思维进行拓展；捕捉流行信息。

（二）分析资料

分析是思维的拓展和信息深化与运用的前提。分析资料是以某种有意义的形式或次序把收集的资料展现出来，然后分别检查每组资料以找出其内涵的关键信息，并将有用的资料放在一起，从而产生与研究项目有关的信息，并得出相关的结论，进而根据结论提出设计方案。

下面介绍几种市场调研分析的方法。

1. 归纳分析法

常见的归纳分析法可分为完全归纳分析法和不完全归纳分析法。完全归纳分析法是根据调查中的每一个对象都有或都不具有的某种属性，从而归纳出某事物该类对象的全部对象都具有的或都不具有的这种属性的归纳方法。不完全归纳分析法是根据调查中的部分对象都有或都不具有的某种属性，且又没有反例，从而推论出某事物该类对象都具有的或者都不具有的这种属性的归纳方法。这种方法建立在经验基础上，具有一定的可靠性，简单易行，具有偶然性。为了克服这种困难，需要扩大调查对象和范围。

2. 比较分析法

比较分析法是把两个或两个以上事物的调查资料相比较，从而确定它们之间的相同和不同的逻辑方法。例如，在调查分析中，找出当今时尚市场总的流行趋势、总的款式造型特点，以及当今艺术风格的潮流、文化特征等，再将每个品牌的个性进行提炼，就能比较好地分析出市场的所需，找到设计的突破口。

3. 演绎分析法

市场调查中的演绎分析法是把调查资料的整体分解成各个部分，形成分类资料，并通过对这些资料的研究分别把握特征和本质，然后将这些分类研究得到的认识综合起来，形成对调查资料整体的认识的逻辑方法。例如，将调研品牌的橱窗设计、单品设计特点、色彩、面料、款式造型等各项品类逐项进行提炼、对比，分析出品牌各自的用料、用色、细节设计、整体包装以及卖场形象、销售方式等的特点。

4. 结构分析法

任何事物都可以分解成几个部分、方面和因素，构成事物的各个部分之间都有一种相对稳定的内在联系，称为结构。通过分析某事物的结构和各个部分的组成部分和功能，从而进一步认识这一现象本质的方法叫作结构分析法。在调研中会发现，虽然同是商务休闲的品牌，内部所构成的品类有西服、休闲西服、裤子、毛衫、衬衫、T恤、夹克、皮带、包、鞋、领带、香水等，但每个品牌在品类中的结构比例侧重有所不同，有些品牌是以正装西服为主，那么正装类的品类如衬衫、领带、鞋、西裤等会比较丰富；而有些品牌侧重时尚、休闲，则是休闲西服、夹克、休闲裤、T恤、毛衫等产品会比较丰富。

在最后的分析中还要考虑调研表现的形式，如果仅仅是文字会产生视觉上的模糊，感到阅读的乏味和理解困难，一般情况下可以采用以文字和图表相结合的形式表现，图表一目了然，便于准确理解。

如图4-8~图4-13所示，是学生为自创品牌做的市场调研分析报告，从Ga-briel的品牌风格、消费人群分析、价格定位、同类品牌比较、消费者画像、Ga-briel形象款、Ga-briel主推款、Ga-briel经典款等进行了调研和分析。

品牌分析：

（1）品牌风格。

主针对20~40岁心理年龄女性，适应各年龄层人士。

拥有一颗“Young Hearts”（年轻的心）。

追求时尚潮流，自由个性又不失优雅、自信的人士。

追求自然简约又不失健康休闲生活方式的人士。

追求时尚潮流，重视现代美，自然美的生活态度的人士。

懂得享受高品质生活，有卓越品味与端庄气质的高端人士。

（2）消费人群分析。

年龄：25~45 岁。

性别：男 / 女。

职业：白领 ~ 金领。

经济状况：经济独立、收入可观。

文化教育：在 985、211 等知名学府学习并获得学位，有较高的教育背景。

个性：喜欢多样化及高质量的生活方式，关注自我感受和自我实现，不断地寻找新的时尚，通过自己的服饰、住房等来表明自身对生活质量的追求。

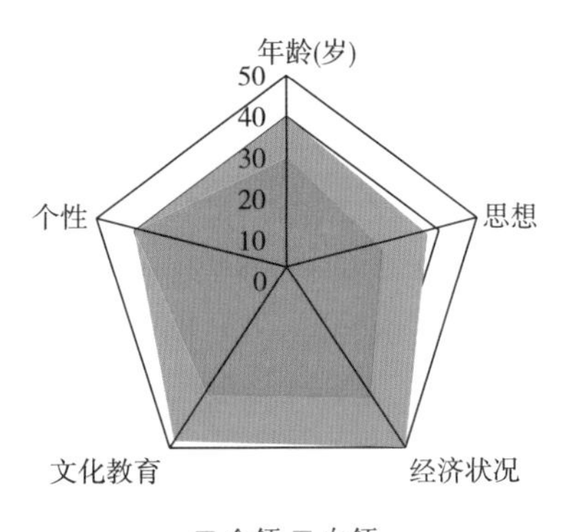

图4-8　Ga-briel消费人群分析　分析：郭艺范　指导教师：杨素瑞

（3）价格定位。

价格定位在中高档，经济独立可消费，属于轻奢侈品牌。

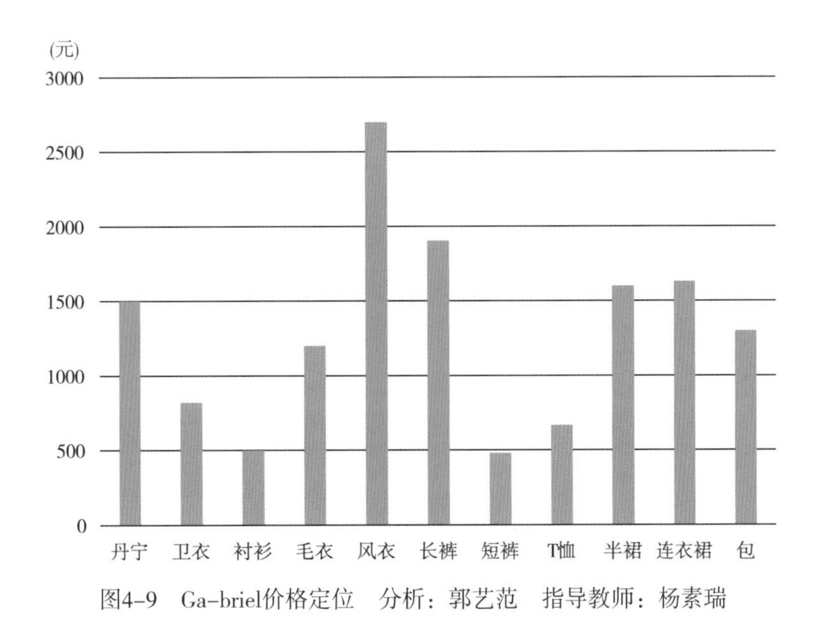

图4-9　Ga-briel价格定位　分析：郭艺范　指导教师：杨素瑞

（4）同类品牌比较。

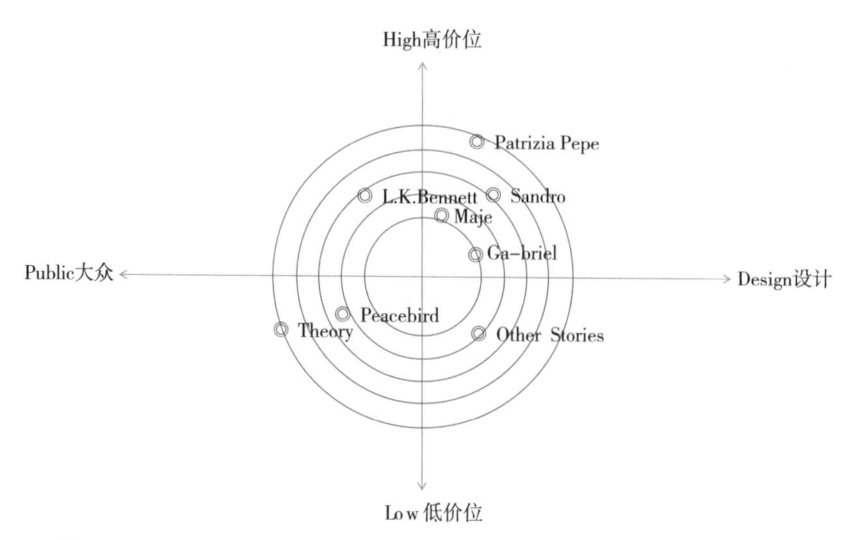

图4-10 Ga-briel 的品牌风格、消费人群分析、价格定位、同类品牌比较
分析：郭艺范 指导教师：杨素瑞

（5）消费者画像。

年龄：35 岁。

婚姻状况：已婚。

职业：编辑。

社会地位：金领。

籍贯：浙江杭州。

性格特征：细心、喜欢高质量的生活形式、关注自我感受。

需求：简洁、干练、舒适、时尚。

爱好：喝茶、瑜伽、看书、养花。

经常出入的地点：东方新天地、新光天地、金融街购物中心、公司或居住地点休闲场所。

关注品牌：香奈儿、古驰、迪奥、纪梵希、范思哲、路易威登。

对于时尚的关注度：7/10（分）。

（6）Ga-briel 形象款。

（7）Ga-briel 主推款。

（8）Ga-briel 经典款。

YOUTHFUL SPIRIT 朝气

IMAGE TYPE

Image Type

形象款

形象款搭配用张力很大的印花图案吸引顾客眼球，在配色和面料上讲究，即时尚又不失舒适度；鞋品舒适，配饰简单时尚。

IMAFE STYLE WITH A VERY LARGE PRINT DESIGN TO ATTRACT CUSTOMERS' ATTENTION, IN COLOR ANO FABRICS, BOTH FASHIONABLE AND COMFORTABLE;THE SHOES ARE COMFORTABLE AND THE ACCESSORIES ARE SIMPLE AND FASHIONABLE.

图4-11 Ga-briel形象款 分析：郭艺范 指导教师：杨素瑞

YOUTHFUL SPIRIT 朝气

MAINSTAY PRODUCT

主推款采用风格多种的搭配方式，让顾客可以随意搭配，穿出自己的气质，穿出适合自身的舒适度，面向大众，简约大方。

THE MAIN PUSH STYLE USES A VARIETY OF STYLE COLLOGATION METHOD,LET THE CUSTOMER CAN MIX FREELY,WEAR OUT ONESELF TEMPERAMENT, THE COMFORT THAT SUITS ONESELF, FACE PUBLIC, SIMPLE AND EASY.

Mainstay Product

主推款

图4-12 Ga-briel主推款 分析：郭艺范 指导教师：杨素瑞

图4-13 Ga-briel经典款 分析：郭艺范 指导教师：杨素瑞

二、设计构思

设计构思是设计的思维活动过程。设计构思既是对直觉或天马行空般的遐想瞬间的捕捉，更是针对调研捕捉到的各种信息进行收集和分析后，来寻找灵感和把握文化源流的思维活动。

下面介绍几种企业在产品开发中实际使用的几种设计构思方法。

（一）以模仿品牌为切入点的设计构思

以模仿品牌为切入点的设计构思是对市场上已有的成功品牌进行风格模仿的构思设计。先搜集和临摹所模仿的品牌近几年的款式，然后再进行设计创作，以加强对服装品牌整体风格的把握。很多服装设计大师在给新品牌进行设计的时候，也是从了解品牌的风格和过去的服装款式入手的。这种设计构思的方法较适合以“工学结合”为主题的毕业设计。

一些学生刚去企业实习，他们看到企业中设计的款式很普通，很大众，觉得自己的设计思路会打不开。其实，品牌每年的产品开发会由几个部分组成：上一年卖得好的产品创新与延续占10%左右；常年都卖得不错且款式变化不大的被称之为基本款的服装占20%左右；追求流行但适合品牌风格特点又容易被消费者接受的时尚服装占60%左右；适合品牌风格且非常时尚，生产不多但为吸引消费者眼球的流行服装占10%左右。前两种相对来说，设计的创新性不多，后两种则比较有设计的创新性、时尚性。那么，毕业设计作为一种设计成果的表现，设计服装数量不多，则需要以后两种设计思路进行引领性的实用装设计，使设计有创新性、时尚性和时代性。

经过反复的调研和分析后进行的模仿设计，要把握品牌的设计特点，然后进行创新设计。如图 4-14、图 4-15 所示，学生模仿 Supreme 品牌进行的设计构思和款式设计采用了街头复古的思潮，以一位说唱歌手为灵感来源，提取了一些嘻哈元素，与 Supreme 品牌的风格定位相一致。

图4-14　模仿Supreme品牌2018~2019年春/夏设计概念版、色彩版　设计：张银鑫　指导教师：杨素瑞

图4-15　模仿Supreme品牌2018~2019年春/夏设计妆容版、廓型版　设计：张银鑫　指导教师：杨素瑞

（二）以问题法为切入点的设计构思

以问题为切入点的设计构思是指以问题的提出、说明、分析、案前资讯、构思和设计方案确定的一种设计构思。会提出问题就会有所思考，问题越多，思考的角度就越多，设计的针对性就越强。下面就“街头复古时尚”主题设计以问题法的设计构思进行举例说明。

1. 提出问题

针对哪一类消费群的街头复古时尚？

哪一类服装风格的街头复古时尚？

在什么时候穿着？

款式、色彩、面料、装饰细节？

市场上已有的街头复古时尚服装的设计特点？

怎么区别于其他品牌的服装？

……

2. 说明问题

针对 25~35 岁的女性职业消费群的街头复古时尚与偏职业休闲的街头复古时尚，在春/秋季上班休闲时穿着，消费群体收入较高，身材标准，为行政、事业或外贸单位的职业女性；平时经常去美容院，喜欢看时尚杂志，有较高的审美修养，喜欢到一些大商场或时尚专业的街头小店购物，一般单件服装的消费在 500 元以上，喜欢时尚、高雅的色彩；在服装的搭配上喜欢饰品点缀等。

说明问题描述得越充分，设计的针对性就越强。

3. 分析问题

随着说明问题，要进行问题的分析，分析是为了更好地综合考虑设计。如对这群审美修养较高、身材匀称、工资收入较高，有艺术气质，具有独特的审美眼光和高品质的服饰观的女性消费者来说，款式要简约、大气、整洁，用料要舒适、时尚感强，在细节上要有一定的设计创新性，体现事业有成的自信形象。尽可能采用协调的配色，以彰显其不张扬但时尚完美的服饰观。

4. 案前资讯

此时对提出的问题已经明确，可以进入设计前的资讯工作。目前流行是什么？有哪些品牌可以借鉴？再设计的创新点应该在哪里？如图 4-16~ 图 4-18 所示。

图4-16　20世纪60年代的服装特点

图4-17　浪漫复古风格服装

图4-18　运动复古风格服装

5. **构思**

根据对问题的分析以及收集到的资讯，设计师接下来就可以进行设计的构思。设计的突破点在于街头复古时尚的中性色调和职业简练的特点，采用20世纪60~70年代的潮流，带点丹宁的气息、英伦的优雅。使现代的生活态度融入设计之中，把原有的理念完美地提升（图4-19）。

图4-19 “街头复古时尚”概念版 设计：赵倩倩 指导教师：杨素瑞

6. 设计方案的确定

经过构思的设计借鉴，再进行街头复古时尚、休闲的风格设计（图 4-20、图 4-21）。

图4-20 “街头复古时尚”款式设计图1 设计：赵倩倩 指导教师：杨素瑞

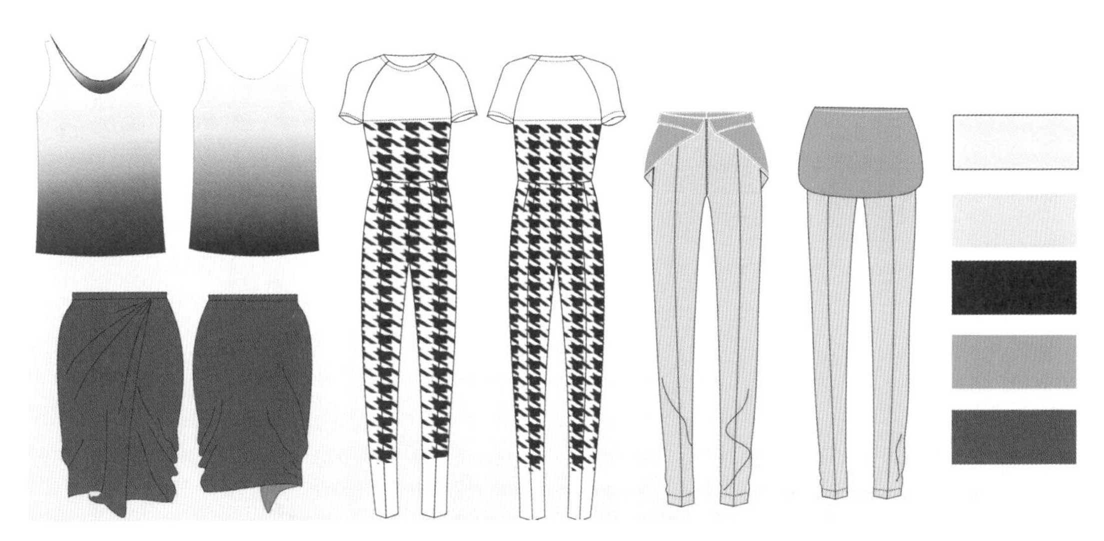

图4–21　“街头复古时尚”款式设计图2　设计：赵倩倩　指导教师：杨素瑞

（三）以流行趋势为切入点的设计构思

每年国内外不同机构发布的服装流行趋势非常多。流行趋势包括了流行色、流行款式、流行设计细节、流行图案、流行面料等的趋势。每个流行趋势的发布里都会有相关文字和图片资料，从中可以了解流行的相关信息：着装理念、文化思潮、生活方式、设计灵感等，这些都可以成为设计构思的设计点。流行趋势的发布给人以文化性和艺术思潮的内涵遐想（图 4–22）。

图4–22　流行趋势发布

1. 以服装外轮廓的流行趋势为切入点的设计构思

服装外轮廓的设计跟服装的流行规律是一致的。一个外轮廓的流行从其产生到最后的消退会是3~5年，然后是与其反差比较大的轮廓出现。如低腰裤流行了几年之后，高腰裤成为新的时尚点；前几年A字型女装风靡全球，现在A字型外轮廓女装逐渐少见，取而代之的是修长的服装外形。这些外轮廓的流行都可以通过对流行趋势的分析和市场调研观察后总结出来。当然，在现在服装设计多元化的年代里，外轮廓的流行并非只是一种，在流行A型的同时，X型、O型等流行都是同时存在的（图4–23）。在设计构思时，要按照自己选择的风格和消费群体来确定服装的外轮廓设计。外形轮廓设计的流行往往与内部结构的流行相呼应，如近两年硬朗的肩部设计，通过皱褶、裥、垫肩等装饰，改变了自然肩线的形状，取而代之的是更加夸张的造型（图4–24）。

图4–23 服装轮廓图

图4–24 以肩部为切入点的服装轮廓设计

2.以色彩的流行趋势为切入点的设计构思

流行色在设计中的运用会使服装的流行感、时尚感更强。因此，很多设计师会考虑用流行色吸引消费者。流行色在设计构思时既可以用在服装上，也可以作为点缀采用（图

4–25）。以洛可可风格为灵感，提取了其风格颜色，结合当季流行色，用嫩绿、粉红、玫瑰红等色彩的浅色调，形成了绚丽多彩、雍容华贵的着装效果。用简约的款式结合洛可可绚丽的色彩给人洗练、柔和的感觉。

图4–25　以洛可可风格为灵感的服饰搭配设计　分析：郑如冰　指导教师：杨素瑞

流行色蓝色在服装、妆容中的应用，如图 4–26 所示。民族复古色彩在服装中的应用，如图 4–27 所示。

图4–26　流行色蓝色在服装中的应用

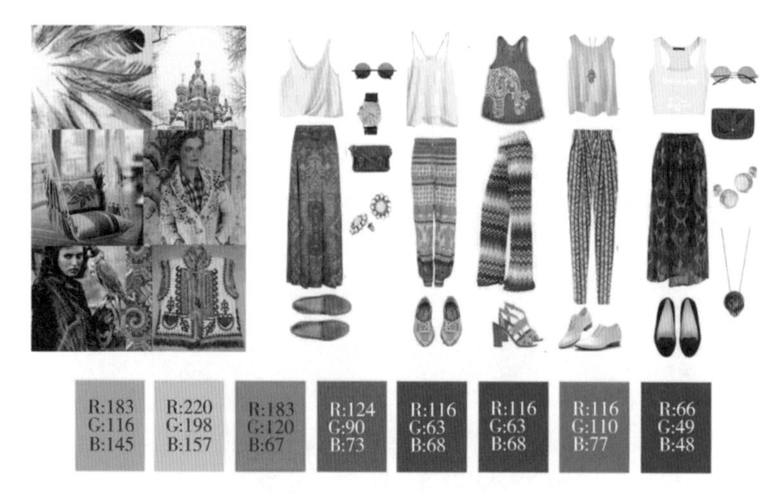

图4-27　民族复古色彩在服装中的应用　设计：俞满铃　指导教师：杨素瑞

3. 以流行面料为切入点的设计构思

面料是服装设计物质的载体，面料的成分、织造、外观、手感、质地等物理属性构成了服装样式的物理基础，面料在视觉上的风格特征，如光滑、粗糙、柔软、硬挺、色彩、图案等构成了面料的视觉元素，一款流行的面料能够给设计增添姿色。

以流行面料为切入点的服装设计可能通过流行的面料，或是通过面料的再造、不同材质的面料镶拼进行服装设计，或是通过联想法进行面料灵感的设计，以建筑的彩色玻璃为灵感来源，彩色的玻璃互相融合交错，采用当季的流行色彩搭配设计的连衣裙的纹样（图 4–28）。

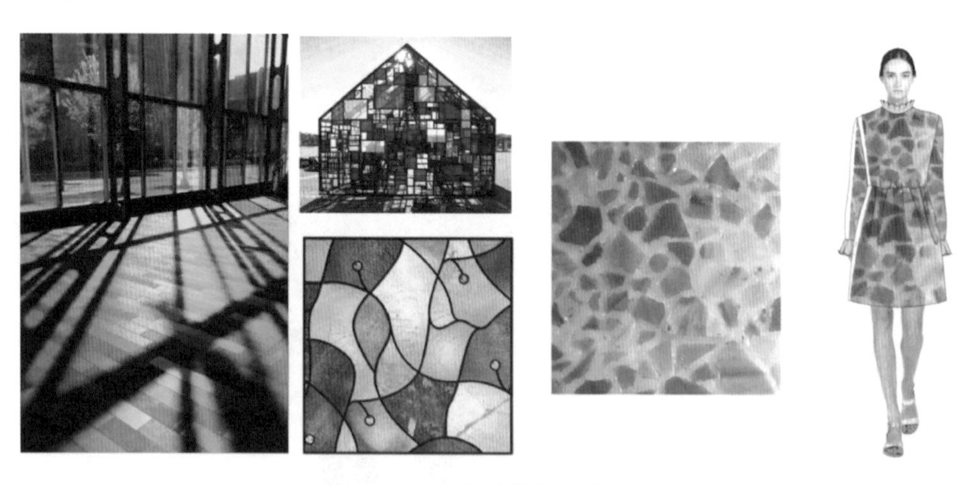

图4-28　连衣裙纹样的灵感来源

4. 以流行图案为设计切入点的设计构思

图案元素是指服装图案的题材、风格、配色、形式等审美属性，是影响服装风格的重要设计元素。如碎花图案、几何形图案、虎豹纹图案等。为了突出设计风格，有些品牌拥有固定的图案，比如，法国爱马仕（Hermès）的典型图案是马具图案，日本的森英惠（Hanae

Mori）的典型图案是蝴蝶。每一季流行的图案，有来自大自然的花卉图案，也有来自于动物的图纹，有些则是古代传承下来的纹样图案，每个图案的背后都是源于生活的创意（图4-29、图4-30）。如图4-29所示，灵感来源于宗教艺术和波普艺术相结合的图案设计，通过高清激光印花的高科技手段营造逼真的效果。

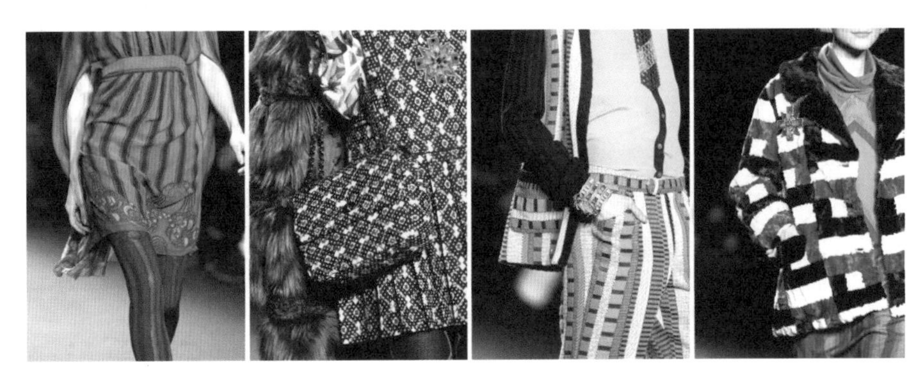

图4-29　复古抽象图案设计

5. 以流行的装饰设计为切入点的设计构思

在流行趋势的发布中，钉珠、面料镶拼、皱褶、流苏、嵌条、面料再造等多种工艺处理装饰设计在服装细节上的运用。如图4-31、图4-32所示，有些设计细节会反复地在不同风格的服装设计中出现，从而成为下一季服装设计的共性设计。这些设计细节成为设计师捕捉设计构思的灵感来源。服饰品如项链、包、鞋子、眼镜也是装饰设计的重点。如图4-33~图4-35所示。

图4-30　复古花卉图案设计

6. 以生活方式为切入点的设计构思

随着人们物质生活水平的提高，对精神方面的需求就会增加，如以崇尚自然为基调的生活，以休闲为基调的生活，以绿色健康运动为基调的生活，以向往动漫为基调的个性化生活，职业休闲的生活等。多样的生活方式给予设计师以不同的创作激情，或是复古的生活方式（图4-36），或是时尚优雅的生活方式（图4-37），或是浪漫的生活方式（图4-38）。

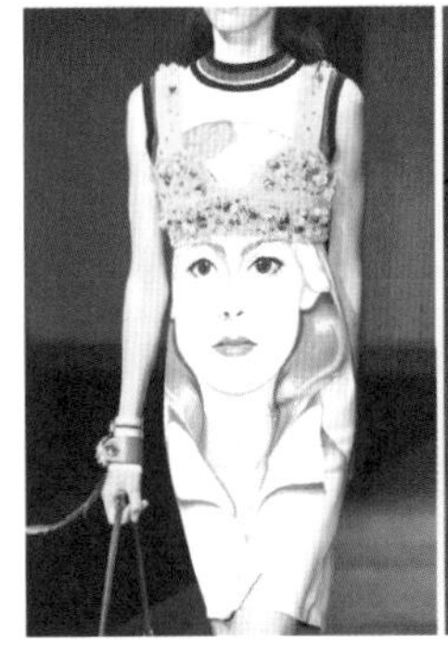

图4-31　灵感来源于宗教和波普艺术的图案设计

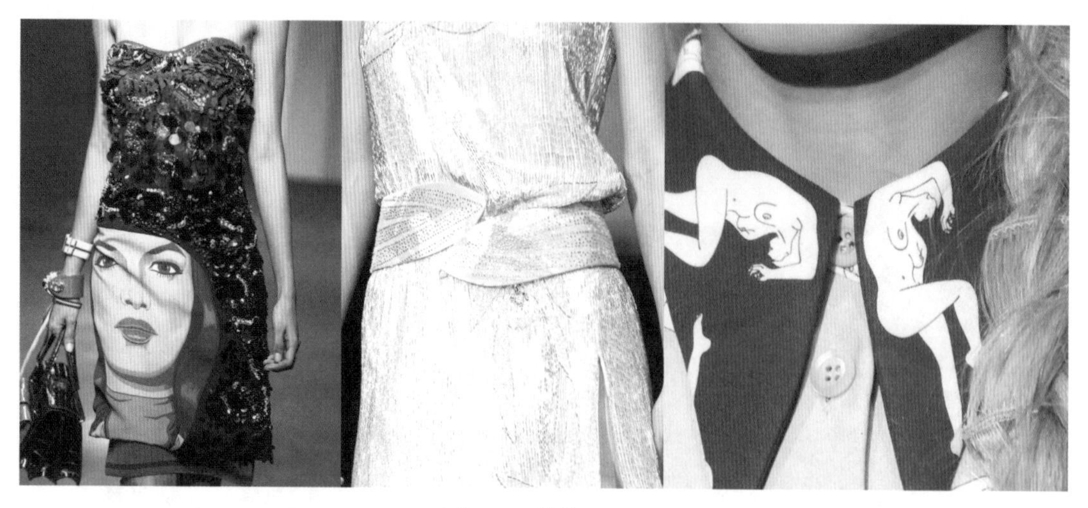

图4-32　装饰设计1

图4-33　装饰设计2

图4-34 包装饰设计

图4-35 项链装饰设计

图4-36 复古的生活方式

图4-37　时尚优雅的生活方式

图4-38　浪漫的生活方式

（四）以社会动向、艺术思潮为切入点的设计构思

社会动向、艺术思潮会影响设计。近几年人们注重生活品质，旅游、运动成为人们生活的重要方面，从而影响了服装，以运动为元素的设计越来越多。如路易威登 2013 春 / 夏的设计是以美国棒球运动为元素的，通过在色彩上的撞色运用或在服装搭配上的撞色运用，再或采用线条的装饰设计，形成优雅时尚略带休闲、运动的服装系列。2012 年的电影《了不起的盖茨比》成为设计界重要的设计源头，电影中的场景、印花、复古的发型和服装成为服装、家纺、室内设计争相效仿的设计元素，如图 4-39 所示。中国台湾在 2012 年展出了达利的艺术展，达利的作品思想成为服装设计的灵感元素，如图 4-40 所示。

图4-39　以电影《了不起的盖茨比》为灵感的设计

图4-40　以达利的作品为灵感的设计

（五）以传统手工艺为切入点的构思

现代快节奏的生活、物质水平的提高，让人们渐渐开始重新思考生活的本身和生活的意义。于是一部分人放下对物质的欲望，演绎一种新的生活方式——极简主义；一部分人喜欢以前的慢节奏生活，如李子柒就是因为在网络上发布了一些她模仿古人劳作方式的视频引起国内外网友的关注，形成了一种新的网红产业；有些人喜欢坐火车去旅行，慢慢去体会身边的事与人；有些人则喜欢手作，喜欢带着手作者的用心和温度的物品。

新的生活理念和消费方式给人们提供了新的创意方式。这几年，以传统手工艺为元素的服装、服饰品非常流行。比如，很多品牌在日常的T恤、外套、裤子、包袋等单品中加入了刺绣、扎染、拼布的传统元素，一些奢侈品更是以家养的宠物为主题进行了一系列的创作。当然，尽管是传统手工艺，但还是需要与当代人们的审美相结合。如中国传统的印染技艺扎染，在现代的流行中，一方面是它的绿色、环保、生态染色被现代人们所认可，另一方面采用的是能工业化、快速生产、工艺简便，如扎染中的云染技艺、型染技艺等，这样制作成本相对低，且要批量化。奢侈品牌迪奥在2019年春夏服装系列中采用了扎染的元素，用的是叠染夹染的方式，一件服装要6000多美金，一只包也要4000多美金。在春夏橱窗设计中，迪奥也使用了扎染的背景，可见这一年扎染元素对该品牌的重要地位，如图4-41~图4-44所示。传统刺绣在服装中的应用如图4-45所示。

图4-41　传统印染型染技艺开发的图案

图4-42　传统印染型染技艺设计的包

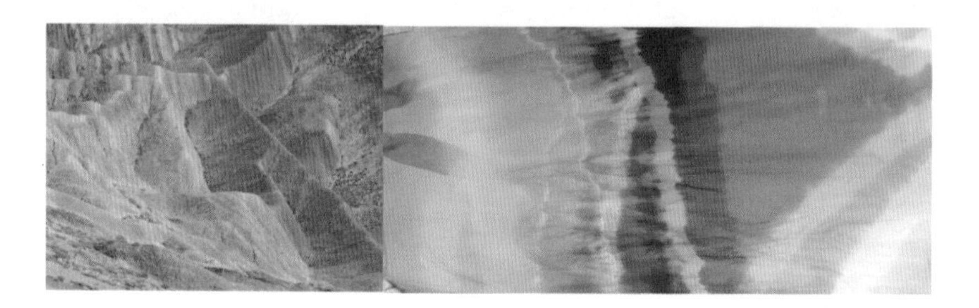

图4-43　传统印染扎染技艺设计的丹霞围巾　设计：张剑峰

图4-44　植物扎染设计　设计：张剑峰

图4-45　传统刺绣在服装中的应用

三、制订设计方案

有了设计构思之后，选择一个设计主题或概念很有意义，因为它可以将作品的主体紧密地结合在一起，使之具有关联度和延续性，从一开始就把握一个设计主题将会给设计师以焦点。

在进行设计方案的制订时，首先要进行的是对灵感图片和设计主题的思考。不要就服装而设计，而是在构思的时候就要给服装以生命。主题相关图片、主题名称和几个关键词设计非常有意义，它可以将一个普通的服装变成一个有生命的主体，继而赋予衣服以灵魂，并且会增强服装的设计感。如图 4–46、图 4–47 所示，以“未来抽象艺术”和“时间的记忆”为灵感的概念版设计。

在寻找主题图片的时候，要注意图片的清晰度，图片里面一切与主题无关的文字、细节要通过软件修改，使图片与主题达到一致。图片的内容要与主题相吻合，包括色调、内容等。

关键词：未来感、抽象、新颖
主题灵感来源：“未来抽象艺术”通过几何元素做文章，经过翻折和扭曲组合后的印花，通过印刷和渐染的效果，模糊的设计演变成高能的印花。兼具新颖、怀旧和清新的特质，同时透露出春夏五彩积极的态度
面料：高科技复合型面料、全棉面料
廓型：直筒型、H 型、箱型
细节：数码印花

图4–46　“未来抽象艺术”概念版　设计：徐芯悦　指导教师：张剑峰

关键词：古旧感、时间的记忆、原始部落

主题灵感来源："时间的记忆"被遗忘的记忆是最有主题的，让时间实现自我表达，创造出有机发展而来的调色盘

面料：混纺纱线、高档毛料、麂皮绒

廓型：直筒型、X 型、箱型

细节：部落饰品、色块拼接

图4-47　"时间的记忆"概念版　设计：徐芯悦　指导教师：张剑峰

第三节　设计实施

设计实施指的是在设计方案确定之后，从设计草图、确定设计稿到最后成衣制作等一系列的设计实施过程。主要有设计草图、确定设计稿、物料准备、成本核算、设计生产图五个步骤（图 4-48）。

一、设计草图

设计构思、设计方案的制订，将服装设计的色彩、理念及所对应的消费对象基本确定，这时候就可以开始款式的设计，将思维转化为可看得到的图形表现手法。

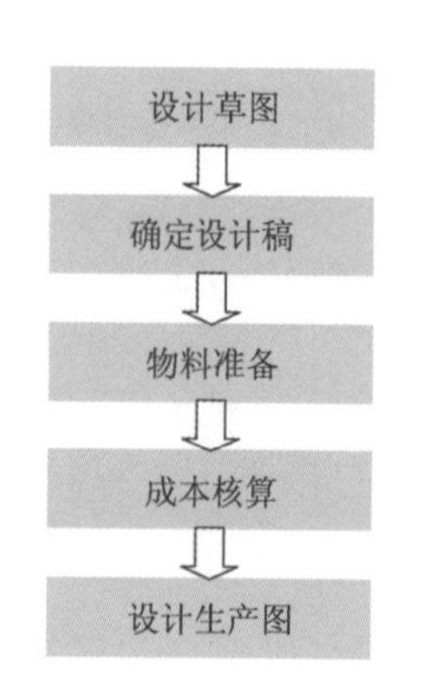

图4-48　设计实施流程

（一）设计的方法

方法是达到设计目的的手段，采用科学的设计方法，将会使设计产生事半功倍的效果。设计的方法很多，下面就企业中经常用到的四种方法进行介绍。

1. **借鉴法**

借鉴法是从历史、文化、民族的精神所感受到的和视觉上看得到的形式进行借鉴，或是对已有的款式造型、色彩、设计细节、面料、图案等方面进行借鉴。如图 4–49 所示，借鉴了 20 世纪 70 年代的服装设计。

图4–49　借鉴20世纪70年代的服装设计

2. **概念深入法**

对于生活在现代的大多数人来说，受教育程度的提高以及物质生活水平的提高，对生活品质的追求越来越高，对精神领域的要求也越来越多。因此，在服装设计的时候，要通过故事的叙述，表达诗意的画面以满足人们的日常需求。

概念深入法是通过某一设计元素，将其放大成某一种可以与人们沟通的语言，通过一定的设计手法，在面料、色彩、款式以及图案的运用中加强这一元素，以达到色、形、材一致的设计特点。

如图 4–50 ~ 图 4–53 所示，是以“尘世卷——塞壬篇”为主题进行的服装设计，本设计的灵感来源于希腊神话里的海妖“塞壬”，它可以用歌声蛊惑人。服装里的故事为：宁静的山城里，有个小女孩在梦中看见了一只海妖，在她美丽而深邃的眼睛里掉进了波澜壮阔的大洋彼岸，但最后所有的景致都幻化成了一幅大理石肌理画。Marbling Art 起源于 13 世纪的突厥斯坦，土耳其语为 Ebru，意为云朵艺术，中文译为大理石肌理。 Marbling Art 的图案形似大理石肌理，且图案随机无规律，其制作原理类似中国的“浮色拓印”。本设

图4–50　主题为“尘世卷——塞壬篇”的概念版　设计：钟昕

图4-51　主题为“尘世卷——塞壬篇”的面料版、色彩版和细节版　设计：钟昕

图4-52　主题为“尘世卷——塞壬篇”系列效果图

图4-53　主题为“尘世卷——塞壬篇”系列成衣　设计：钟昕

计采用手工 Marbling Making 与电脑 PS 相结合的方式设计印花，来抽象表达海域彼岸之美。

3. **反对法**

反对法是指把原有事物在相反或相对的位置上进行思考的方法，这是一种能够带来突破性思考结果的方法，由于思考的角度来了一个 180 度方向的大转变，从根本上改变了设计者的常规思考角度和由此而得到的常规思考结果，因此，反对法成了追寻意想不到的思考结果的设计方法之一。它既可以是题材、环境上的反对，也可以是思维、形态上的反对。

在服装设计中，反对法的反对内容比较具体，比如，上装与下装的反对、内衣与外衣的反对、里子与面料的反对、男式与女式的反对、左边与右边的反对、高档与低档的反对、前面与后面的反对、宽松与紧身的反对等。使用反对法不能机械地照搬，还是要灵活机动，对被反对后的造型进行适当的修正，令其符合反对的原来意图。设计师让·保罗·高提耶 2010 年秋设计的一组服装系列，在他的设计中，完全颠覆了常规用料的高级服装特点，而是将华丽、端庄的丝绸与素雅、休闲的面料相混搭，形成了一种视觉冲击和混搭设计（图 4–54）。

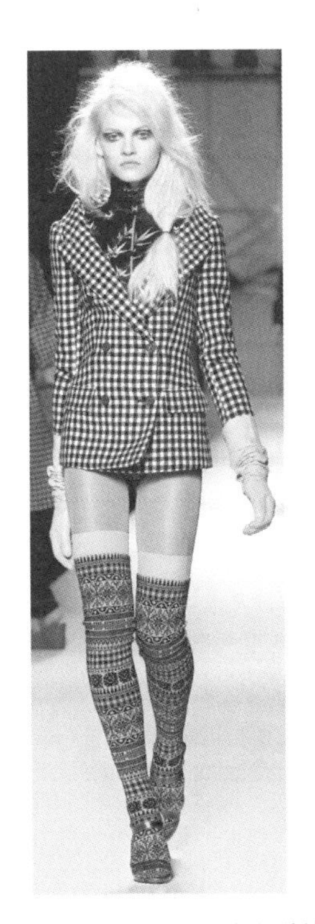

图4–54　反对法设计

4. **系列设计的方法**

系列设计的方法是指由若干件服装组合形成一个系列，在毕业设计中主要是指风格、主题、面料、色彩等方面的一致。

如图 4–55 所示，是以不同深浅的蓝色及白色为色彩搭配，运用了卡通图案为装饰，通过贴布绣的工艺手法，形成了活泼、可爱的少女形象。如图 4–56 所示，以女权主义为灵感源，通过夸张的肩部设计以及女权主义者弗里达的自画像为装饰，采用黄色为主要色调，表达了女性刚柔并济的形象。如图 4–57 所示，以海底世界的海洋生物为灵感源，采用了明度及纯度都比较高的色彩，装饰了海洋生物的不同造型，运用了不同质感的面料来体现灵动的女性形象。

图4–55　“稚笙”系列设计　设计：求嘉丽　指导教师：江群慧

图4–56　“Feminism”系列设计　设计：曹丹妮　指导教师：杨素瑞

图4-57 “鱼趣”系列设计 设计：毛颖颖 指导教师：杨素瑞

（二）设计草图的表现手法

草图一般不要求画得很好，只要在纸上画一些自己看得懂的设计图即可。草图一般体现一些细节，可以单件来画，也可以整套服装一起来画。为了节省时间，草图一般不用上色彩，如果实在要上色彩的话也只需画出大概的配色和图案。当然，有些设计师也喜好用马克笔做出简单的线条，一下子勾勒出设计的形象。设计中涉及图案之类的设计运用，只需在图案运用到的部位画出大概的形式，待给出完整设计图的时候可以画得清楚一些。在画草图的过程中就应该对面料、辅料、饰品以及工艺等有一些初步的考虑。

在设计草图的过程中有时会产生一些如对面料、辅料、饰品等无法把握的情况，还需要进一步地去了解更多的资讯，资讯越多对设计的拓展帮助也越大。

目前企业主要以平面效果图为主，尤其是以电脑辅助表现的平面效果图为主，因为电脑辅助平面效果图便于在原来的基础上修改，并且速度快。当然有时候也表现得比较机械，不利于思路的拓展。要充分快捷表达的话一开始用手稿会好一点，然后再在电脑上绘制平面图，这样既有利于各种设计思路的拓展，又能在电脑上进行修改、再设计。另外企业由于面、辅料这一块是现成的，所以画彩色效果图的很少，都是在平面效果图的旁边贴上面、辅料的小样，或者仓库里有一些常用的面、辅料，只要写上面、辅料的品号就可以（图 4-58~图 4-61）。

毛毡表达蓝色漩涡和星球，星星亮片、抓钻和米珠表达星空中的星星点点，毛线表达星座连线，各种刺绣贴片做星球。将星空装饰起来，形成面料肌理。

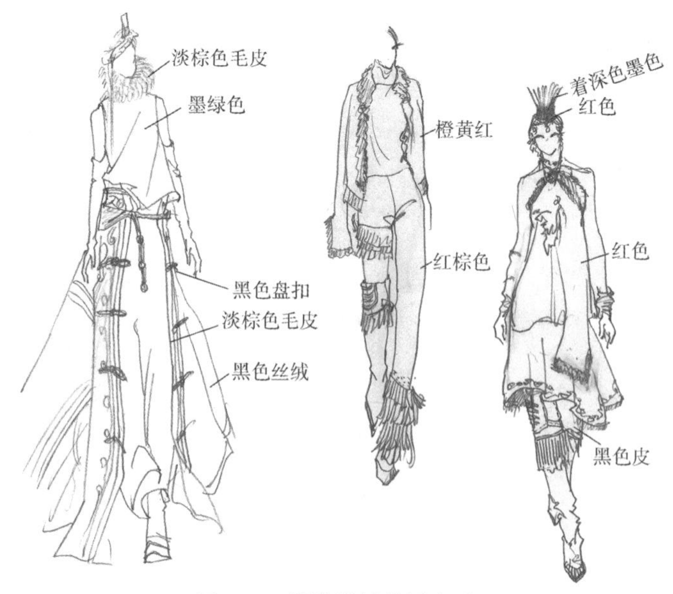

图4–58　服装设计草图表现

图4–59　服装设计草图

图4–60　服装设计草图

图4–61　“朝气”设计灵感　设计：郭艺范　指导教师：杨素瑞

二、确定设计稿

在草图的创意达到一定量的情况下，接下来就是要确定设计图。设计图需要让其他人能够看懂。因此，画设计图应比例清楚，结构清晰，让别人看了能够马上明白设计师的设计意图。目前在毕业设计的环节中，从出设计图到最后的实物制作都是由一个人完成的。但在企业中尤其是大型的企业，分工都是很明确的。设计师、板型师、工艺师需要互相沟通才能把设计的效果达到最佳。因此，在绘制设计图的时候一定要养成好的习惯，令设计图成为与别人沟通设计意图的工具。

设计图需要有两种表现方式：服装色彩效果图和平面图。服装色彩效果图可以画得艺术一点，作为绘画的艺术作品来欣赏，只要把设计的感觉和服装面料的质感表现出来即可，在服装色彩效果图的旁边要写上设计说明。然后，再根据服装色彩效果图画出结构清楚、尺寸比例正确的平面效果图（图 4–62~ 图 4–65）。

图4–62　“尘世卷——翌耀”设计灵感　设计：蒋佳颖　指导教师：胡泠泠

图4-63 “尘世卷——曌耀”彩色效果图 设计：蒋佳颖 指导教师：胡泠泠

图4-64 “尘世卷——曌耀”平面款式图 设计：蒋佳颖 指导教师：胡泠泠

图4-65 “尘世卷——曌耀”成衣图 设计：蒋佳颖 指导教师：胡泠泠

三、物料准备

设计稿的完成不是设计的完成，而是设计的开始，要找到与之相匹配的面、辅料，是一项十分艰辛的工作。有时学生已经画好设计稿，却找不到合适的面、辅料，只好把之前的设计推翻或者是用其他的面料代替，做出来的服装总是令人不满意。

在制作生产之前，需要准备整个系列服装的所有物品。这些物品包括制作服装所需的打板纸、打板工具、白坯布、面料、辅料（如纽扣、拉链、黏合衬、缝纫线等）等缝制服装所需的所有物料，这样有利于设计工作有序地开展。在企业生产之中，不管是制作样衣还是生产大货，如果物料不齐全，会耽误生产工人的制作进度，从而影响生产进程（图 4–66）。

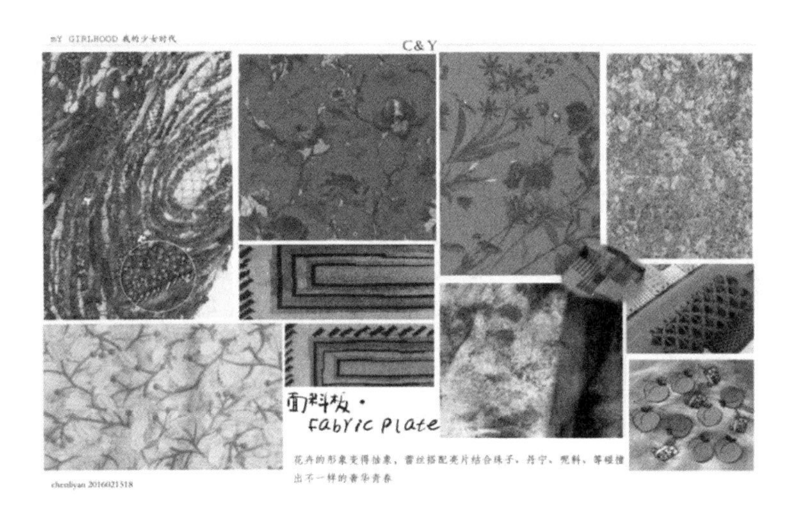

图4–66　“我的少女时代”面辅料　设计：陈丽艳　指导教师：杨素瑞

四、成本核算

作为服装设计师，必须学会计算成本，有效地进行成本控制，才会为企业创造尽可能大的利润。设计成本包括两方面的内容：一是设计过程中的相关费用成本；二是设计师设计出来的产品所对应的生产方式的成本。

（一）设计成本的构成

设计成本由材料采购费用、样衣费用、办公费用、人员工资费用、资料费用、市场调研费用、管理费用等构成，这些成本将会在产品售价中体现。

（二）研发成本和加工难度

研发成本包含的因素很多，如设计风格是否符合品牌定位，设计的款式是否符合市场的需求，设计中的材料能否物美价廉等，以上这些都会给设计研发增加成本，可能会拖延设计时间，增加产品成本，这也是设计管理中很难把握的一项。

加工难度指结构工艺不能按照设计要求来完成，或者很难达到设计做工要求的精确度。造成以上难度的原因，一方面是品牌风格的刻意诉求，也就是设计师的主观意识带来的；另一方面是设计师不熟悉生产工艺流程，被动造成设计的难度，这就需要设计师熟悉服装行业的生产加工流程，不断深入了解，提高认识，结合品牌的诉求和加工的难度，合理进行设计。

（三）影响成本的因素

设计中影响成本的因素有材料选择、款式选择、细节选择、工艺设计和产品数量。

1. 材料选择

构成服装的物质素材就是服装材料。材料不但决定着服装款式和色彩风格，还决定着服装的工艺和技术范围。因此，服装材料在服装中占有重要的地位，是服装成本构成中的主要组成部分。作为一个服装设计师应该知道，节约了材料的费用就是降低了成本。材料成本的高低主要表现在面料的来源上，相同类型的面料中，国产面料价格要比进口面料便宜很多，但是进口面料具备品质高、新颖等特点。那么，在进口的精细面料和国产的相似面料上做出选择应当充分全面地考虑，宗旨就是既要降低成本，避免不必要的浪费，又要使设计出来的产品符合市场需求。有些面料尤其是流行了几年的面料，不管从外观还是性能上，国内的面料与进口面料相差不大，并且消费者对于面料也不是很熟悉，在这种情况下，可以选择国内的面料，选用品质感非常好的辅料，突出服装的装饰特点，既降低了服装成本又提升了卖相，提高了服装实际售价。对于设计师来说，找到合适的面料供应商将会节省很多的设计成本。

现代的服装设计材料起着决定性的作用，在设计之中，设计师总是喜欢新颖的、定织定染的面料。但面料的生产需要一定的起订量，达不到一定的起订量就要加小单费，无形之中就增加了成本。

2. 款式选择

根据款式的不同充分排板，减少面料浪费，与产品成本有直接的联系。款式简单，装饰性好；分割性少，经工艺减少程序，也是减少成本的一种方法。

3. 细节选择

服装的细节设计在现代服装设计中越来越受到人们的重视，细节设计是服装造型的局部设计，是服装零部件和内部结构的形态，包括口袋、领子、袖子、扣眼、装饰等，增加服装的机能性和美感，产生新的流行。细节设计越复杂，服装的加工难度越大，加工成本就越高。

4. 工艺设计

如果没有特别规定，一件衣服可以用多种不同的工艺方法做出，加工成本也有较大区别。加工工艺越复杂、品质就越高，其加工工艺上消耗的费用必定越高，所以设计师必须懂得制作工艺。另外，如何简单高效地完成高品质服装的加工也是设计师需要特别考虑的问题。

5. **产品数量**

产品数量也是造成设计成本的一个直接的因素。生产数量越多，生产流水线就比较容易安排，生产工人的生产熟练性就好。相反，生产数量少的服装，存在同样的生产管理费，加工费就会增加，从而提高了生产成本。

（四）成本核算表的设计

在毕业设计的成本核算中，主要是针对所需物料的费用以及加工的费用（图 4-67）。

主题名称	稚笙	款式名称	双面外套	货号	2014021435E-a	号型	175/84A
款式图	正面			背面			
类别	序号	面料	面料小样	面料成分	单价	实际用料数量	费用（元）
面料费用	1	棉		70%棉30%涤	25元/1米	1米	25元
	2	牛仔		90%棉10%涤	15元/1米	1米	15元
						面料费用合计	40元
辅料费用	序号	辅料类别		辅料名称小样	单价	实际用料数量	费用（元）
	1	衬料			2元/1米	0. 25米	0. 5元
	2	拉链			20元/1条	1条	20元
	3	缝纫线			5元/1团	400米	1元
					4元/1团	500米	1元
					3元/1团	300米	0. 5元
						辅料费用合计	23元
人工费用	1					设计费用合计	30元
	2					加工费用合计	50元
						成本总计	143元

图4-67　成本核算表　设计：求嘉丽　指导教师：江群慧

五、设计生产图

服装款式一旦确定，不是直接打板，而是要将制作实物的几个款式画成设计生产图，用数字的量化来表述服装造型的感觉，对一些特殊的设计细节及工艺要求进行说明，这也是购买面、辅料数量的一个依据。

设计生产图主要包括款式的正背面设计图、款式细节图、特别工艺的说明、规格部位尺寸、面辅料的数量及实物小样等方面的内容。

正背面的效果图是服装造型的依据，可以看出服装长与宽、局部与整体、局部与局部的比例关系。

款式细节图是对设计细节和特殊工艺结构的说明，一般情况下可以对特殊部位进行放大描述，不同的工艺要求产生出来的服装效果是不同的。对于特殊的工艺要进行说明，如明线、珠边、包边、立体袋、绣花、印花等。即使同样是缉线，采用不同粗细的线、不同色彩的线、不同距离的缉法、不同工艺手段会产生完全不同的效果。而不同的明线缉法也会影响到板型的处理。比如，缉 0.8cm 的明线和缉 1.2cm 的明线在缝头上的放量就不一样（图 4–68）。

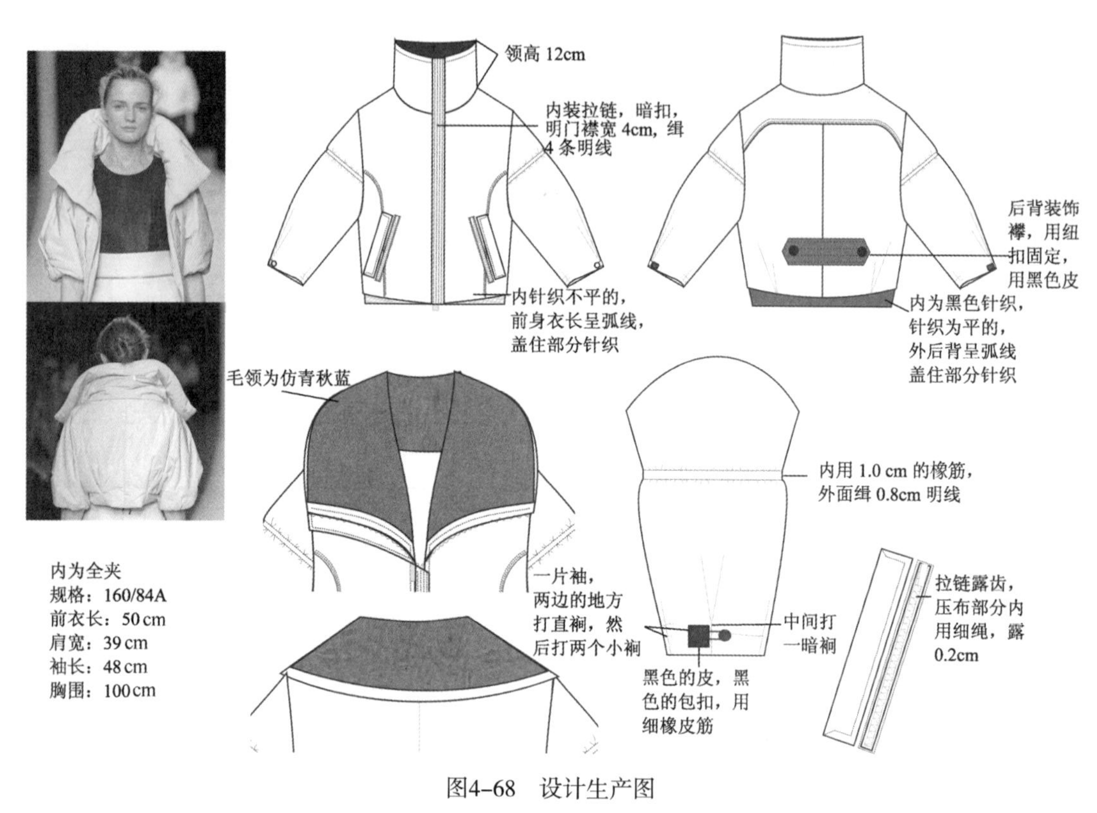

图4–68 设计生产图

随着如今网络交易的推广，外贸设计单只要通过电子商务的方式就可以交易，因此，设计生产图要求能正确地表达出设计的意图。如图 4–69 所示，这个生产工艺单对面料的花型与图案设计、款式设计的具体尺寸要求、工艺细节都做了标识。

设计生产单要求：

（1）画得工整；

（2）服装的规格要进行设计、标注；

（3）要充分表现结构、工艺特点，有些特殊结构及工艺要另外标注清楚，比如，有些面料是成衣水洗，有些面料是面料水洗，或者有些半成品绣、印花都要在工艺一栏中进行说明；

（4）特殊的设计部位要放大表示；

（5）商标、洗水标的位置也要标示出来；

（6）平面图不仅要画正面、背面，内部工艺结构也要标示出来；

（7）贴上面、辅料小样，且要标注成分和幅宽，并写出辅料的数量，以便进行统计购买；

（8）进行设计编号。

设计生产图工艺及设计细节说明如图 4-70 所示。

款式编号：2015022113A-a　　　　2017年11月18日

款式名称	收腰连衣裙	货号	2015022113A-a	主题系列	哲思冥-Feminism	上市时段	秋季
年度季节	秋季	数量	1	下单日期	2017.11.18	交货日期	2017.12.29

款式图：正面款式图　背面款式图

款式说明：面料比较滑，裁布时要固定好小心裁剪。衣服上半身前面有分割，需要绗缝和嵌线，上半身后面分割需要包边，底摆密拷

规格尺寸表（单位：cm）

部位名称	代号	规格尺寸	档差
衣长	A	110	2
胸围	B	86	4
肩宽	C	39	1
袖长	D	58	1.5
袖口大	E	23	1
腰围	F	68	4
臀围	G	92	4
背长	H	38	1
上衣长	I	35	2
裙长	J	76	2

材料说明

材料类别	主面料	里料	辅料				
材料名称	仿醋酸	富贵绸	1. 双面黏衬	2. 缝纫线	3. 水洗丝绵夹棉	4. 隐形拉链	5. 编织绳
材料小样							
使用数量	3m	3m	1m	1卷	0.1m	50g	50g

覆衬部位	肩膀上的圆片加树脂衬 衣服上半身全部用双面黏衬复合富贵绸	缉线要求	1）缝纫线：11,14，针距：3针/cm；2）拷边线：14，针距：3针/cm;
工序分析及缝制工艺说明	(1)裁剪：注意丝缕正确，画刀眼，省道定位等；(2)检查样片：注意正反面，色差等；(3)复合面料：用双面粘衬复合上衣部分的面料，注意覆盖一层白坯布，复合好污渍，气泡；(4)收面，里胸省：收上衣前片的胸省，防止面料起皱；(5)拼合，拷边里料；依次按照拼合上衣前片分割，上衣前后拼合肩缝，侧缝，袖子拼合，装袖，拼合裙子侧缝的顺序缝合里料，并拷边；(6)绗缝面料：绗缝需要的部位，不起皱；包好嵌线条 (7)拼合上衣面料：缝合上衣前片分割，用嵌线压脚，缝缝1cm;缝合上衣后片分割，包边条压明线0.1cm;(8)拼合，拷边面料：缝合肩缝，侧缝，袖子拼合，装袖，缝合裙子侧缝，缝缝1cm，并拷边；(9)缝合面，里料：把缝合好的面料与里料拼合在一起；(10)卷边：卷面，里料底摆1.2cm		
其他要求	锁钉要求：装暗扣部位须按照板位钉扣，隐形拉链要平服，不可有歪斜现象 整烫要求：各部位熨烫平整服帖，烫后无污渍，水迹，无烫黄烫焦现象，不起极光 检验要求：测量各个部位的尺寸，需在允许的误差范围内；车线平整，不起皱，不扭曲；面、里布不能有污渍，抽纱，不可恢复性针眼；线头剪清，拉链不得起浪		
备注			

设计：曹丹妮　　打板：曹丹妮　　样衣：曹丹妮　　制表人：曹丹妮　　审核：杨素瑞

图4-69　生产工艺单　设计：曹丹妮　指导教师：杨素瑞

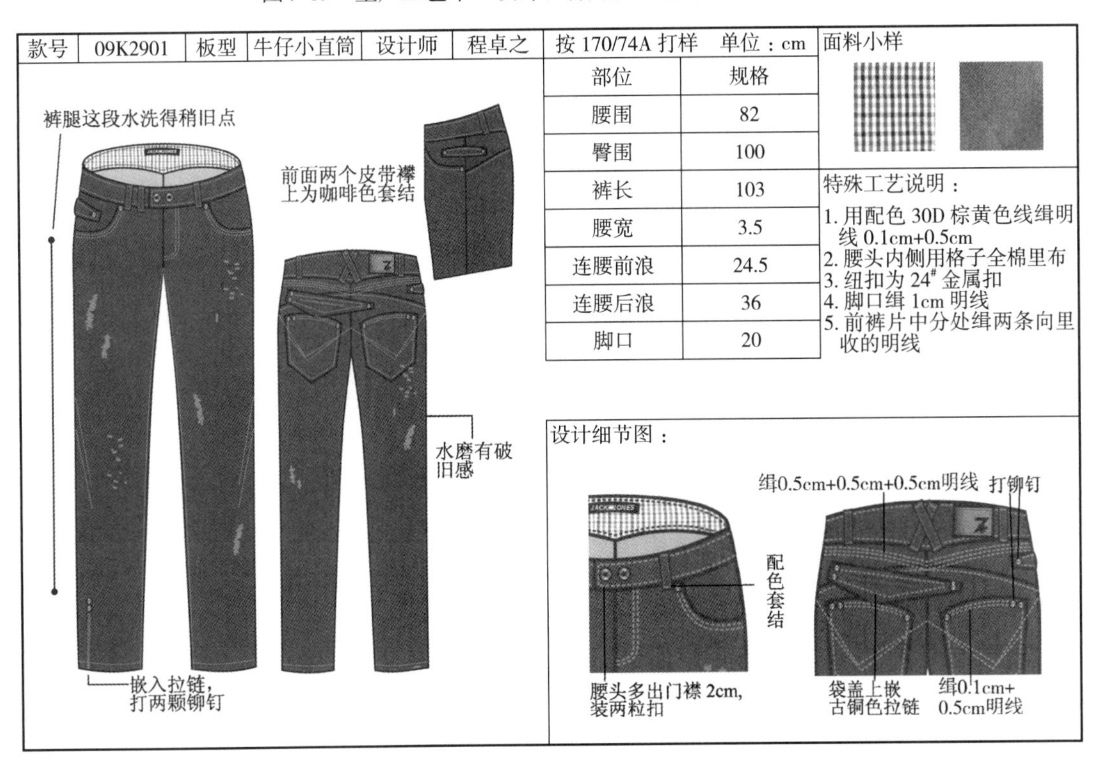

款号	09K2901	板型	牛仔小直筒	设计师	程卓之

按 170/74A 打样　单位：cm

部位	规格
腰围	82
臀围	100
裤长	103
腰宽	3.5
连腰前浪	24.5
连腰后浪	36
脚口	20

图4-70　设计生产图工艺及设计细节说明　设计：程卓之

第四节 设计实现

设计实现是将服装设计图转化为成衣的一个过程，从专业内容来讲，包括技术准备的结构设计、样板制作、生产工艺单制作、白坯布试样及修改、成衣制作、成衣搭配等步骤。很多人会将成衣搭配这一步骤忽视，但这却是设计实现非常关键的步骤，从搭配的角度实施最初的设计理念，是设计的再创造。作为毕业设计，除成衣完成外，还需要将设计的过程以文字的形式呈现，形成设计报告，才算是设计的完全实现（图4–71）。

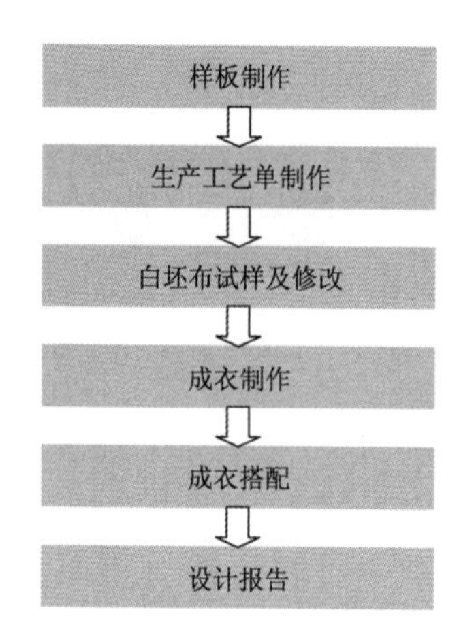

图4–71 设计实现流程图

一、样板制作

服装样板是技术准备的第一步，是服装裁剪、排料、画样等所用的标准纸板，是根据服装的造型、款式、尺寸、规格、原料质地性能和缝纫工艺要求等，运用一定的裁剪制图计算公式，在软纸或硬纸板上画出服装的主件和零部件的平面图，是确保生产顺利进行以及最终成品符合生产要求的重要手段。服装工业生产中一般都是先制作样板后裁剪，通常把制作样板称为打样板。

服装样板有净样板和毛样板两种。毛样板用作裁剪、排料画样等，净样板用作裁剪或在缝纫工艺中做标准。

根据确定的设计稿制作设计样板。制作样板时，要求尺寸准确，规格齐全，相关部位轮廓线准确吻合。样板上应标明服装款号、部位、规格及质量要求。且一些很小的部件都要求打板出来，以便于修改时进行对比。另外，有些样板可以通过立体裁剪和平面制图相结合的办法来制作。

在打板时，还要考虑面料的质地和厚度。有些面料是弹性的，如羊绒等。成衣水洗都需要在打板的时候考虑样板放松量。

在进行款式制图的过程中，效果图、结构图以及小部件的结构图都应清楚地制作出来。一般情况下，学生先制作1∶5结构图再去制作1∶1的实样板。若学生有经验的话，也可以直接制作1∶1实样板（图4–72）。

样板完成确认后，生产大货还需要进行纸样的推板。一般成批生产的服装，服装样板具备大、中、小几档不同的规格。为了更快、更准确地制作各档规格的样板，就需要进行样板推档。样板推档是以某一规格的样板做基础样板，以基础样板规格为基础按一定的规律在服装各部位放大或缩小，缩放出其他各种规格样板的过程（图4–73）。在服装设计专

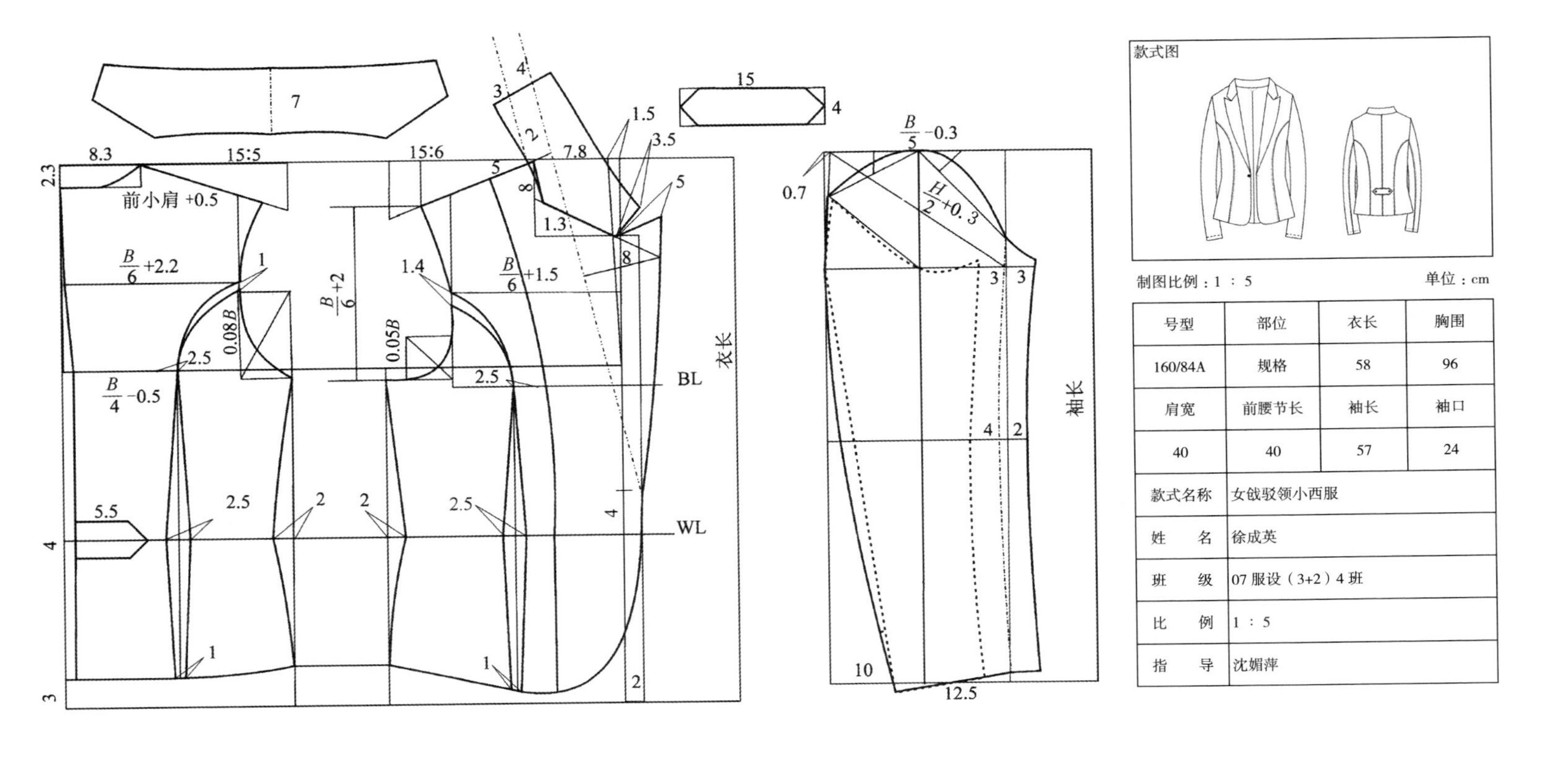

号型	部位	衣长	胸围
160/84A	规格	58	96
肩宽	前腰节长	袖长	袖口
40	40	57	24
款式名称	女戗驳领小西服		
姓　名	徐成英		
班　级	07服设（3+2）4班		
比　例	1：5		
指　导	沈媚萍		

图4-72　女式外套结构制图　设计：徐成英

业中推板不作硬性要求，但学生要了解推板的要求。一般情况下，西服规格的推板量为：衣长 2.0cm，肩宽 1.2cm，胸围 4.0cm，腰围 4.0cm，下摆 4.0cm，袖长 1.5cm，袖口 0.3cm。裤子的推板量为：腰围 2.5cm，臀围 2.5cm，中裆 0.8cm，前浪 0.5cm，后浪 0.5cm，横裆 1.2cm，脚口 0.3cm。具体见服装品类的推板缩放尺寸（表 4-2 ~ 表 4-4）。

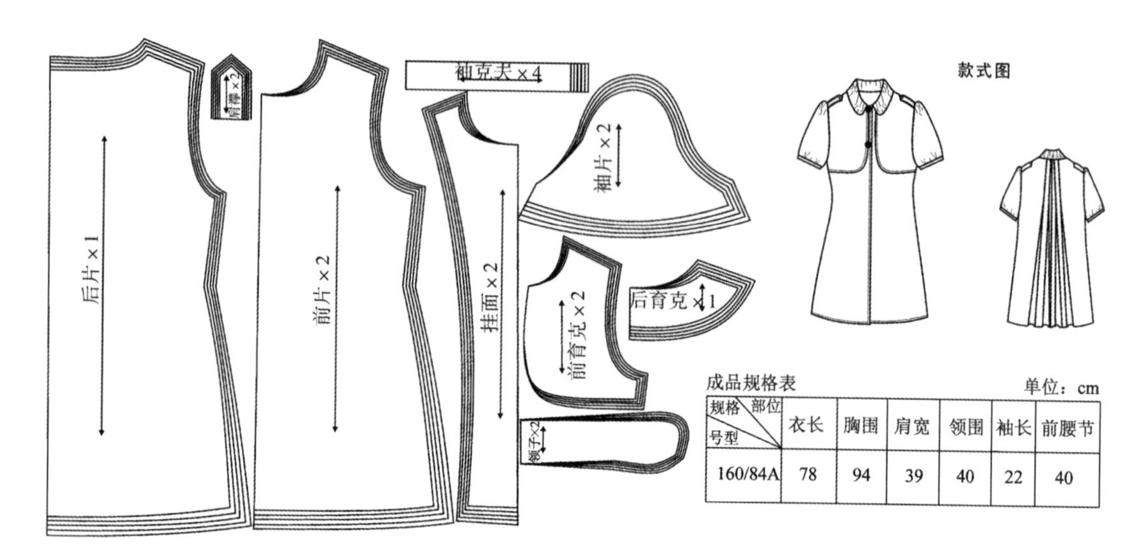

图4-73　女式外套单件放码　制图：汤俏婉

表 4-2　休闲西服（男装）的推板尺寸表（灰色号型为基本板尺寸） 单位：cm

规格	165/84A	170/88A	175/92A	180/96A	185/100A	190/104A	195/108A	每档尺寸
号型 / 部位	44A	46A	48A	50A	52A	54A	56A	
前衣长	73	75	77	79	81	83	85	2
后衣长	71	73	75	77	79	81	83	2
胸围	102	106	110	114	118	122	126	4
腰围	90	94	98	102	106	110	114	4
下摆	102	106	110	114	118	122	126	4
肩宽	45	46.2	47.4	48.6	49.8	51	52.2	1.2
袖长	57.5	59	60.5	62	63.5	65	66.5	1.5
袖口	13.8	14.1	14.4	14.7	15	15.3	15.6	0.3

表 4-3　休闲裤（男）的推板尺寸表（部分推板、灰色号型为基本板尺寸）　单位：cm

规格	170/74A	175/76A	175/80A	175/82A	180/86A	180/88A	180/90B	每档尺寸
部位＼号型	30	31	32	33	34	35	36	
腰围	76.2	78.7	81.3	83.8	86.4	89	91.5	2.5
臀围	95.5	98	100.5	103	105.5	108	110.5	2.5
前浪（连腰）	26.5	27	27.5	28	28.5	29	29.5	0.5
后浪（连腰）	38.5	39	39.5	40	40.5	41	41.5	0.5
横裆	61.2	62.4	63.6	64.8	66	67.2	68.4	1.2
中裆	46.4	47.2	48	48.8	49.6	50.4	51.2	0.8
脚口	21.3	21.6	21.9	22.2	22.5	22.8	23.1	0.3
裤长	112	112	112	112	112	112	112	0

表 4-4　衬衫基本板（男）的推板尺寸表（灰色号型为基本板尺寸）　单位：cm

规格	165/80A	170/84A	170/88A	175/92A	175/96A	180/100A	180/84A	每档尺寸
部位＼号型	37	38	39	40	41	42	43	
领围	37	38	39	40	41	42	43	1
肩宽	44.8	46	47.2	48.4	49.6	50.8	52	1.2
前衣长	76	78	78	80	80	82	82	2
胸围	100	104	108	112	116	120	124	4
中腰	96	100	104	108	112	116	120	4
下摆	98	102	106	110	114	118	122	4
袖长	58	59.5	59.5	61	61	62.5	62.5	1.5
袖口	23.5	24	24.5	25	25.5	26	26.5	0.5

二、生产工艺单制作

生产工艺单是服装加工中的指导性文件，它对服装的规格、缝制、整烫、包装等都提出了详细的要求，对服装辅料搭配、缝迹密度等细节问题也加以明确。服装加工中的各道工序都应严格按照工艺单的要求进行。见表 4-5~ 表 4-7，依次是女式外套生产工艺单、女式西服生产工艺单、女式裤子生产工艺单。主要从成品规格、小部位规格、裁剪要求、缝制工艺要求、锁钉纽扣要求、整烫包装要求以及粘衬部位、面辅料说明等来制作。工艺卡的制作如图 4-74 所示。

表 4–5　女式外套生产工艺单

编号：　　　　货号：　　　　车间：　　　　日期：

产品名称	女外套	号型：160/84A	地区：	单位：第七组	面料批号：ZF/10
		规格：XS~XL	数量：1	用线：403 配色线	

成品规格　　单位：cm

规格	XS	S	M	L	XL
衣长	76	78	80	82	84
胸围	86	90	94	98	102
领围	41	41.5	42	42.5	43
肩宽	37.6	38.2	39	39.8	40.6
前腰节长	38	39	40	41	42
袖长	19	20.5	22	23.5	25

小部位规格

肩襻	8.5	领宽	8.5
克夫	28	褶裥	10

粘衬部位：领底、挂面、袖山弧线、袖口

工艺要求

1. 缝线要求：明 3cm/14~15 针；暗 3cm/12~13 针
2. 衣片分割缝合平整，各部位缝制线路整齐，牢固平服
3. 后片中间的褶裥长度至袖窿线下 5cm 处，每个褶量为 2.5cm。打裥时要均匀、平整、并缉明线 0.1 cm
4. 领子造型主要以美观为主，领宽为 8.5cm，打裥时要匀称，并且要时刻注意长度是否与领圈吻合
5. 泡泡袖应该左右对称，袖口袖山处抽褶均匀
6. 开袋位置高度左右应一致，腰节线下来 2 cm
7. 前育克应该熨烫平整，缉明线 0.5cm 再与前衣片缝合
8. 肩襻长度为 8.5 cm，压明线 0.5cm，做工要精细
9. 成品样衣线松紧适宜，不断线，不跳线，起落针应有回针
10. 成品样衣应无污染无线头，整体熨烫平整

款式图

锁钉、纽扣要求

1. 门襟下来 2 cm 处定位第一粒，再距 8 cm 定位第二粒
2. 锁眼长度为 3 cm，锁边线条均匀

整烫包装

1. 熨斗温度要适宜，勿使面料烫发亮、发黄，颜色要一致
2. 熨烫时勿使面料拉伸或缩短
3. 熨烫时衣服要摆放平整，勿起褶皱
4. 烫好之后，折叠整齐

裁剪要求

1. 裁片注意尽可能避免面料的色差和疵点
2. 面料摆放要顺直，不要倾斜
3. 裁片准确，两层相符
4. 刀眼要齐，刀口深约 0.4cm
5. 划粉要均匀，避免裁剪误差

辅料说明

1. 里布为印花黑色羽纱
2. 大号纽扣两粒
3. 黏合衬为无纺衬
4. 黑色线球

制表人：朱青青、汤俏婉、汪珍、杨晓庆　　打样人：汤俏婉　　复核人：沈娟萍　　浙江纺织服装技术学院

表 4-6　女式西服生产工艺单

编号：　　货号：　　车间：　　日期：

产品名称	女式戗驳领小西服	号型：160/84A（M）	地区：宁波	单位：ABC	面料批号：ZF/10
		规格：XS~XL	数量：1	用线：403 配色线	

成品规格　　单位：cm

规格	XS	S	M	L	XL
衣长	54	56	58	60	62
胸围	88	92	96	100	104
领围	37	38	39	40	41
肩宽	37.6	38.8	40	41.2	42.4
袖长	54	55.5	57	58.5	60
袖口	22	23	24	25	26
前腰节长	38	39	40	41	42

小部位规格

装饰腰衣襻长	15	装饰腰衣襻宽	4

粘衬部位：领里、领面、挂面、前胸、袖口、下摆

工艺要求

1. 缝线要求：明 3cm/14~15 针；暗 3cm/12~13 针
2. 面线：配色线；夹里：白色
3. 前片：缝制公主线时，先在前侧片上跑一道 0.5cm 的缝缉线，使公主缝圆顺，再切一道 0.6 cm 的省道止口
4. 后片同前片一样
5. 领子：肩缝眼刀、背缝眼刀对齐，领圈中途不可缉坏或抽紧，肩缝和背缝的分开缝不能向单边坐倒，领头和领角的大小要对称，串口顺直，里紧外略松，有窝势，装领居中，左右对称
6. 上袖：装袖前先检查一下袖窿与袖子的缝是否吻合一致，装袖时，袖子缝放在上面，缉到袖山时要用镊子将袖山吃势均匀推进，防止产生小裥，使袖山层势均匀、圆顺、饱满
7. 下摆：缝制倒三角，底边平整，宽窄一致，针脚整齐，无针印和起涟形
8. 袖口：缝制倒三角，袖口平顺
9. 后片装饰物切 0.6cm 止口
10. 夹里：同面料衣片做法一致
11. 拼面里布：缝头对齐，缉线顺直，缝份一致

款式图

锁钉、纽扣要求

1. 定纽扣位：高低、进出与纽眼相符，画出粉印，袖子装饰纽位离底边 4.0cm，扣间距为 2.0cm
2. 钉纽扣：用同色双股粗丝线，钉线两上两下，将纽扣钉牢，再绕纽脚 4 圈左右，装饰扣不需绕线，用双股同色线两上两下针钉牢

整烫包装

1. 整烫要求无极光、无水花印，要平服、挺括
2. 服装包装整齐、美观

本单如有疑问，请及时联系

裁剪要求

1. 裁片齐全，丝缕与面料丝缕一致
2. 避免疵点与色差
3. 裁片刀口剪到位，大小不超过 0.3cm

辅料说明

1. 60S 配色线　2. 25g 无纺衬　3. 白色布衬
4. 白色垫肩　5. 金色纽扣

制表人：张小霞　　打样人：徐成英　　复核人：沈娟萍　　单位：浙江纺织服装职业技术学院

表 4-7　女式裤子生产工艺单

编号：　　　　货号：　　　　车间：　　　　日期：

产品名称	萝卜裤	号型：160/84A	地区：宁波	单位：	面料批号：ZF/10
		规格：XS~XL	数量：1	用线：403 配色线	

成　品　规　格　　单位：cm

规格	XS	S	M	L	XL
裤长	94	96	98	100	102
腰围	67	71	75	79	103
臀围	86	90	94	98	102
上裆	21.5	22.5	23.5	24.5	25.5
脚口	27	28	29	30	31

小部位规格

嵌条	12	后袋长	12	前袋	16

粘衬部位：门襟、里襟、腰、嵌条、袋垫

工　艺　要　求

1. 缝线要求：明 3cm/14~15 针；暗 3cm/12~13 针
2. 面线：配色线；拷边线：面料配色线
3. 前裤片：前裤片收省，省的大小、长短、位置要缉准确，省尖要缉尖
4. 斜侧袋袋口烫衬，把袋口烫平，正面缉 0.1cm 和 0.6cm 的止口线，由于袋口是斜带，注意防止缉线袋口起涟形，两端打套结
5. 后裤片：同前片一样收省，双嵌线口袋四角方正，袋角无裥、无毛出，四周缉 0.1cm 的缉线
6. 装拉链：门里襟缉线顺直，长短一致，袋口处无起吊
7. 下裆缝：合下裆缝时，缝头向左侧倒，正面缉 0.1cm 和 0.6cm 的缉线
8. 装腰头：做、装腰头顺直，腰上缉 0.1cm 的明缉线

款式图

裁　剪　要　求

1. 裁片齐全，丝缕与面料丝缕一致
2. 避免疵点与色差
3. 裁片刀口剪到位，大小不超过 0.3cm

辅　料　说　明

1. 黑色无纺衬　2. 黑色袋布　3. 尼龙拉链
4. 四件扣　5. 黑色棉线

锁钉、纽扣要求

1. 定纽扣位：纽位左边腰头进去 2cm 中间位置，右边也是进去 2cm 中间位置
2. 钉纽扣：用同色双股粗丝线，钉线两上两下，将纽扣钉牢

整烫包装

1. 整烫要求无极光、无水花印，要平服、挺括
2. 服装包装整齐、美观

本单如有疑问，请及时联系

制表人：张小霞　　打样人：周渊　　复核人：沈娟萍　　单位：浙江纺织服装职业技术学院

宁波 ABC 服饰有限公司	工艺卡	表码	07 服设（3+2）4 班
		修改次数：0	修订日期：

序号		工段	2	工序名称	绱领子
技术质量要求	1. 领头、领角的大小一致，里紧外略松，纱向左右对称 2. 装领居中，左右对称 3. 缉线顺直，缝分均匀				
操作规程	1. 从左襟开始，把挂面与大衣正面相叠，领头、领面朝上夹在中间，对准搭门眼刀，领底与领圈的缝头平齐，由左襟搭门线缉至右襟搭门线，将上下四层剪一眼刀 2. 把挂面和领里翻起，领里和领圈并齐继续缉线，背缝对准，缝分不能向单边坐倒				
编制	张小霞	审核	沈娟萍	日期	08/06/13

图　示

前衣片（正）　领里（反）　后衣片（正）　领面（正）　挂面（反）

宁波 ABC 服饰有限公司	工艺卡	表码	07 服设（3+2）4 班
		修改次数：0	修订日期：

序号		工段	1	工序名称	装垫肩
技术质量要求	定线整齐，抽线不能太紧，袖窿外不能外露针花和缉线				
操作规程	1. 垫肩定扎时，前后垫肩平齐袖窿缝头，定线离出缉线一线，不能偏进 2. 垫肩前后对折中点与肩缝对扎，然后将垫肩与袖窿定扎				
编制	张小霞	审核	沈娟萍	日期	08/06/13

图　示

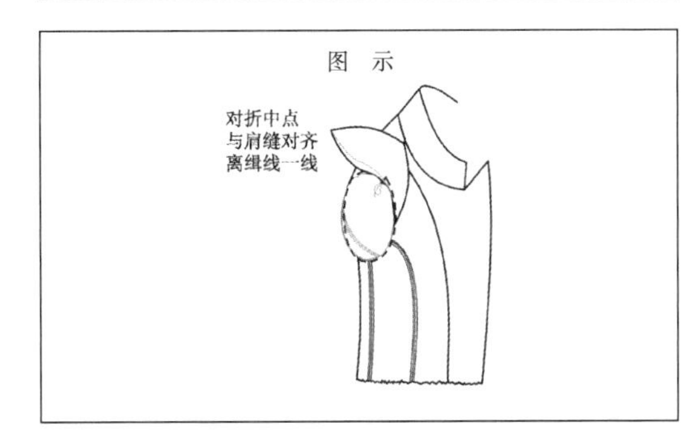

图4-74　生产工艺卡

三、白坯布试样及修改

为节省成本，先用白坯布试做样衣，试做样衣是检查样板的准确性和检验款式造型以及其他设计可行性的一个方法。白坯布样衣制作完成后，主要从板型、工艺、设计细节方面进行修正。虽然白坯布制作的样衣有其局限性，但可以看出款式造型的美观性以及样板的不足之处。如图 4-75 所示，在上衣门襟的造型上作了修改。如图 4-76 所示，在西服领型的造型和裤子的板型上作了处理。

四、成衣制作

成衣制作是从裁剪、缝制、整烫到成衣检验的全过程。

（一）裁剪

为尽量减少浪费，降低成本，应仔细地画出最为合理的排料图。目前，在大多数企业中，批量生产的排料及裁剪多由电脑操作。在裁剪之前检查原材料有无疵点、染色色差及面料缩率，避免服装成为次品，造成质量问题。面料检验后再进行裁剪，需要刺绣、印花

图4-75　白坯样修正

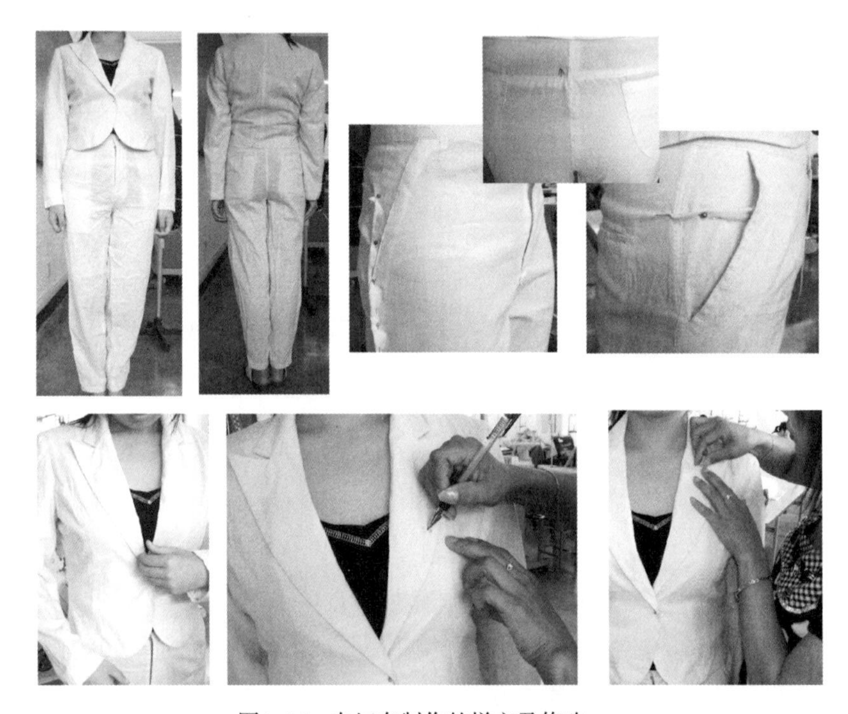

图4-76　白坯布制作的样衣及修改

等工艺的裁成衣片后送往有关工厂进行加工。

裁剪前要先根据样板绘制出排料图,“完整、合理、节约”是排料的基本原则（图 4-77）。

（二）缝制

缝制是服装加工的中心工序，服装的缝制可分为机器缝制和手工缝制两种。缝制时的要求，缝制方法，辅料及配件的使用方法，关于面料、色彩、对条对格的说明以及各种配色的生产量等都要在制作前详细地写在生产工艺单中，熨烫要求也要明确注明。根据缝制说明进行生产加工。这时商标和洗水标也要用白布或实物代替（图 4-78）。

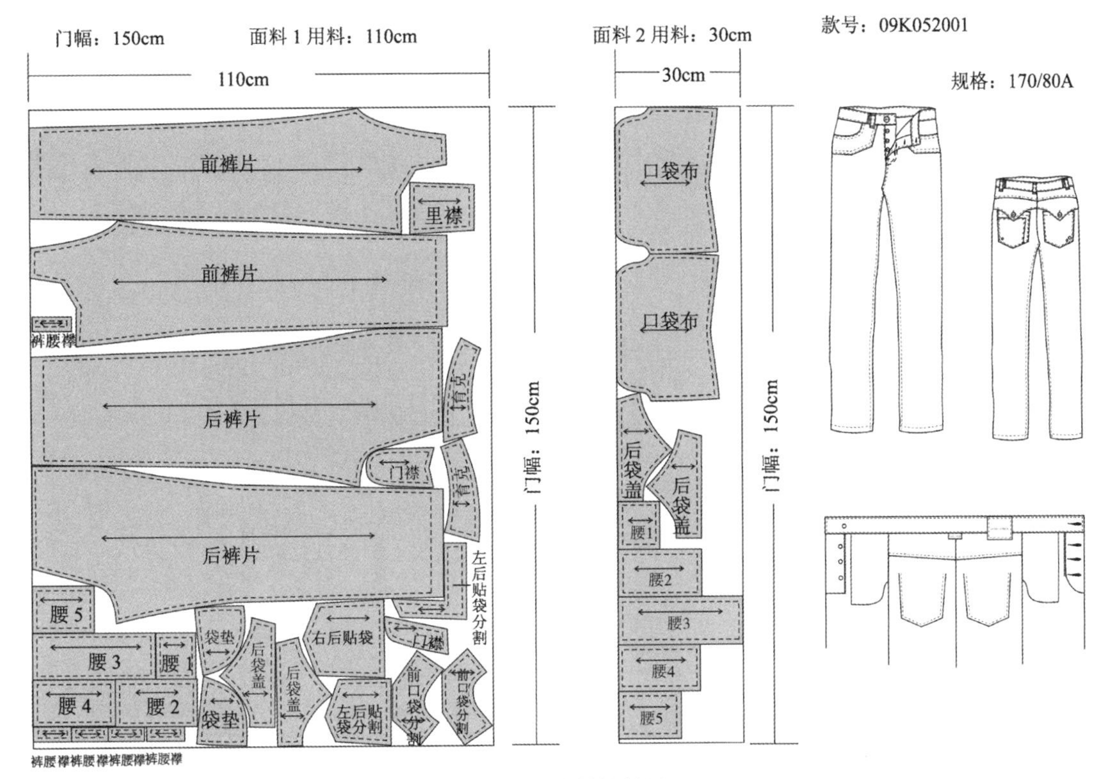

图4-77　裁剪排料图

图4-78　服装制作过程　设计：俞洁　指导教师：张剑峰

实际的样衣做好之后，还需要分析服装的设计和板型，如面料与款式是否协调，辅料的格配是否协调，服装的机能性如何，板型是否美观等（图 4–79）。针对问题进行修改，这时完成的样衣不仅能看出设计的服装实物效果，而且也能进一步掌握面料的性能，如面料的拉伸程度、缩水状况等性能。如用针织花呢做成的休闲西服，一般成品的肩部会比实际打板宽，这是由于面料的不稳定性所造成的。因此，在制作样衣时要测算不稳定率，以应对在工业化批量生产中出现问题。

图4–79 完整的服装成衣图

企业在实际的操作中，为了节省成本或者受开发时的局限性，样衣只做一种颜色，待样衣确定后，再进行多色样衣的制作。

缝制结束后，还要完成锁眼和钉扣的工作，服装才能算制作完成。服装中的锁眼和钉扣通常由机器加工，扣眼根据其形状分为平型和眼型孔两种，俗称睡孔和鸽眼孔。睡孔多用于衬衣、裙子、裤等薄型衣料的产品上。鸽眼孔多用于上衣、西装等厚型面料的外衣上。

（三）整烫

通过整烫使服装外观平整、尺寸准足。熨烫时在衣内套入衬板使产品保持一定的形状和规格，衬板的尺寸比成衣所要求的略大些，以防回缩后规格过小，熨烫的温度一般控制在 180~200℃之间较为安全，不易烫黄、焦化。

（四）成衣检验

成衣检验是服装进入销售市场的最后一道工序，因而在服装生产过程中，起着举足轻重的作用。由于影响成衣检验质量的因素有许多方面，成衣检验是服装企业管理链中重要的环节。

在企业实际的生产中，服装的检验贯穿于裁剪、缝制、锁眼钉扣、整烫等整个加工过程之中。

成品检验的主要内容有：

（1）尺寸规格是否符合工艺单和样衣的要求；

（2）缝合是否正确，缝制是否规整、平服；

（3）条格面料的服装检查对格对条是否正确；

（4）面料丝缕是否正确，面料上有无疵点、油污存在；

（5）同件服装中是否存在色差问题；

（6）整烫是否良好；

（7）黏合衬是否牢固，有否渗胶现象；

（8）线头是否已修净；

（9）服装辅件是否完整；

（10）服装整体形态是否良好。

五、成衣搭配

服装搭配是一种表达式。在服装上市后，将服装经过精心的陈列，使消费者能一目了然地欣赏和感受服装设计师的设计，从而激起消费者购买欲望。因此，学生在将服装从设计效果图转化为服装实物时，也要进行精心的搭配，从而将服装的设计理念很好地表达出来。

服装搭配是一件非常有意思的活动。有些学生只是找一些同学或自己将衣服穿在身上，然后拍几张照片，甚至拍照的背景也不作选择；而有些学生会去找合适的人穿着自己精心制作完成的服装，有从街上找来的，有从同学中精心挑选的，还会刻意给拍照的学生化妆、做发型，找一些合适的饰品进行搭配，并选择与服装风格相配的场景进行拍摄，使最后的服装体现其最佳的服装效果。如图 4–80 所示，在服装搭配的过程中，学生找到一位男装品牌的店员作模特，模特本身对服装的感觉比较好，并且该学生选了时尚店

图4–80　成衣搭配图　设计：胡萍
指导教师：张剑峰

的门口作为拍摄场地，以时尚的橱窗为背景，加之包、帽子、项链等饰品进行搭配，很好地彰显出了时尚的年轻男性的穿衣特点。

如图 4–81~ 图 4–83 所示，成衣搭配图设计师充分考虑服装最佳的表现形式，通过化妆、发型、模特气质、动感道具以及拍摄的光影处理，充分体现设计感觉。

图4–81　服装成衣搭配1　设计：郑行义

图4-82　服装成衣搭配2　设计：吴依佳　指导教师：文英

图4-83　服装成衣搭配3　设计：陈嘉莹　指导教师：杨素瑞

六、服装毕业设计文本报告

毕业设计文本报告是学生毕业设计成果的重要组成部分，是对作品（产品）的设计思想、构思过程、创意手法、创作目的以及制作工艺的介绍。毕业设计报告，能全面、完整地反映学生综合运用理论和实践的知识情况，反映出学生市场调研、分析创作素材、运用技术手段、制作生产服装作品的过程和实现的能力。

（一）毕业设计报告的特点

毕业设计报告是关于设计作品的说明性文本，是对设计过程的全面概括和总结，而不仅仅是对作品本身的介绍。毕业设计报告应具备以下特点：解释性、文化性、论证性和补充性。

1. 解释性

通过运用概念、术语等文字表达方式，对毕业设计作品的主题、立意、创作灵感的来源、形式及设计元素的象征意义、风格特点、功能性、艺术性、创新性和实用性等方面进行解释、说明，使之更加明确、清晰，便于他人理解和接受。

2. 文化性

对毕业设计具有的主题思想，新颖、独特的创作构思、设计理念和美学观点进行表达，探讨新材料、新工艺、新形式，倡导流行、服饰文化的运用与创新。

3. 论证性

对作品的实用性、独创性和合理性，使用生产技术、进行市场推广的可行性等内容进行分析、论证。对于服装产品还应进行流行预测、成本分析和营销策划分析。

4. 补充性

毕业设计作品实物成果通常不能全面反映学生的知识和能力状况。另外，由于作品形式等条件的限制，学生也很难表现自己的实际水平。因此，就需要通过毕业设计报告对某些不足之处或难以完成的部分加以补充说明，从而使学生的知识和能力尽可能地得到客观、全面的反映。

（二）毕业设计报告的内容与要点

毕业设计报告内容与要点，首先要在内容和结构上达到要求；其次，文章的写作要做到思路清晰，条理清楚，层次鲜明，概念术语准确，语言表达简明扼要。

1. 毕业设计报告的内容

毕业设计报告内容包括设计构思、灵感、设计说明、设计效果图、款式图、结构图、生产工艺单、营销与市场分析、材料与配色分析等。

2. 毕业设计报告的要点

（1）设计选题的确定：通过对毕业设计的选题进行分析，对不同方案进行比较，说明选定本选题的理由。

（2）设计理念的阐述：对主要思想观点予以阐明并加以论证。

（3）设计效果说明：结合效果图、生产图、纸样等，对作品的设计效果进行说明、分析，应指出所实现的创意和未能表达之处，尽量讨论、比较可供选择的不同方案及其优缺点。

（4）材料及配色方案的说明：应说明所选材料、色彩的特点和理由，并对选材与效果的适合程度进行分析、说明。

（5）工艺技术分析：说明工艺的特点和难点，指出所使用的新工艺和新方法。

（6）成品与设计图的对比说明：设计款式图与实物成衣的比较说明。

（7）成本分析：说明产品的成本构成。

毕业设计报告要求包括设计方案的确定、设计灵感、彩色设计效果图、款式图、生产图、1∶5 样板稿、生产工艺单、成衣照片、工艺技术分析、成品与设计效果图的对比说明、材料及配色方案说明、市场与营销分析、成本分析、设计效果说明 14 个方面（图 4-84~图 4-103）。

图4-84　案例“尘世卷——Le voleur d' ombres”毕业设计文本报告封面

目录 Contents

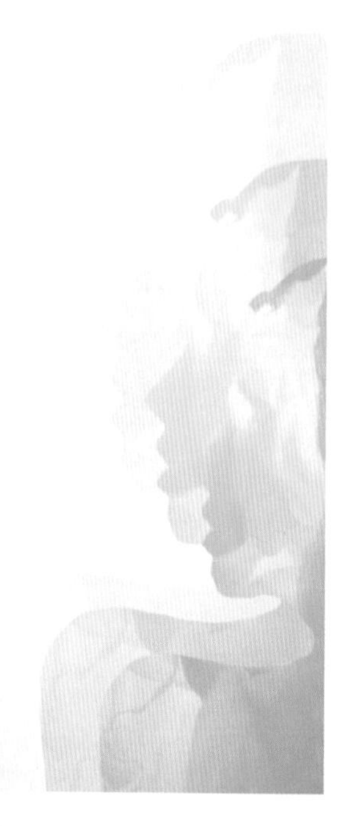

图4-85 案例“尘世卷——Le voleur d' ombres”目录

图4-86 案例“尘世卷——Le voleur d' ombres”主题概念版

二. 款式拓展草图

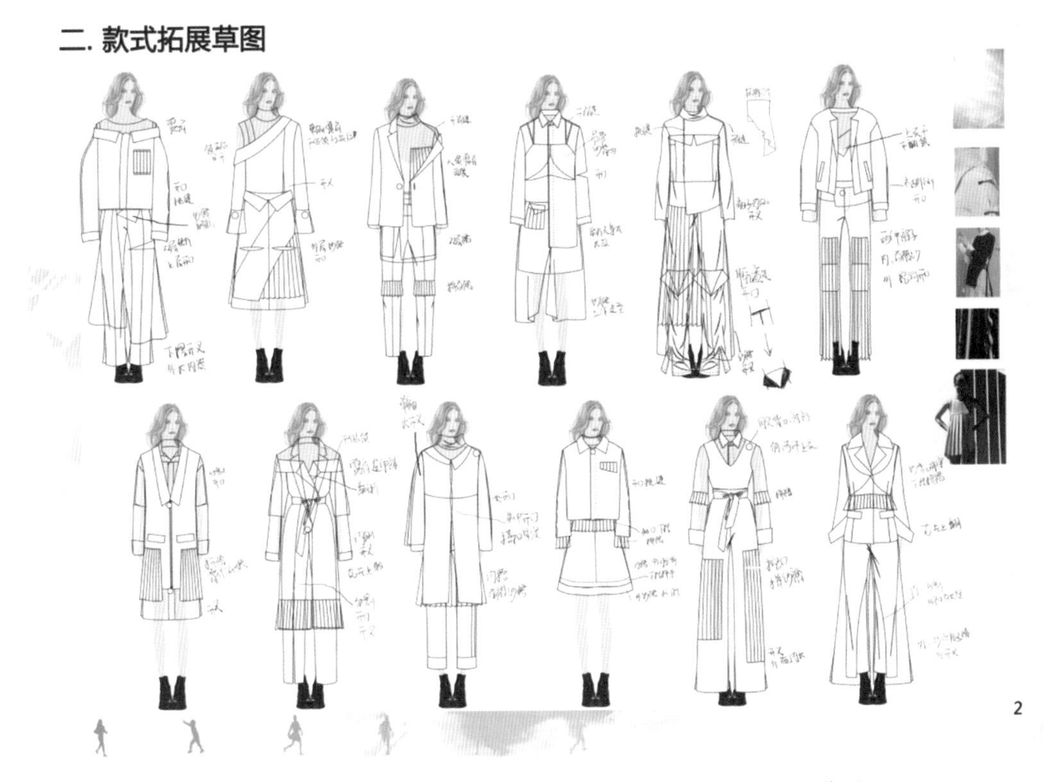

图4-87 案例“尘世卷——Le voleur d’ ombres”款式拓展草图

三. 彩色效果图

Le voleur d’ ombres

灵感源自一部法国小说《偷影子的人》，偷影子——用真心与他人相处，学会倾听理解包容差异性，每个人都与众不同，当我们的影子交叠，就会有不一样的光彩。透明的欧根纱代表影子，我们会遇到比自己强大或者弱小的人，帮助他们治愈深埋在内心深处的伤痛，清亮颜色的搭配带着清新浪漫的温暖气息，彩色的图爱问组合增添了趣味性。但最重要的是了解内心最真实的自己，有趣的小人物剪影唤醒童年回忆，追寻初心。

3

图4-88 案例“尘世卷——Le voleur d’ ombres”彩色效果图

四. 平面款式图

图4–89 案例“尘世卷——Le voleur d' ombres”平面款式图1

四. 平面款式图

图4–90 案例“尘世卷——Le voleur d' ombres”平面款式图2

四. 平面款式图

图4–91　案例“尘世卷——Le voleur d' ombres”平面款式图3

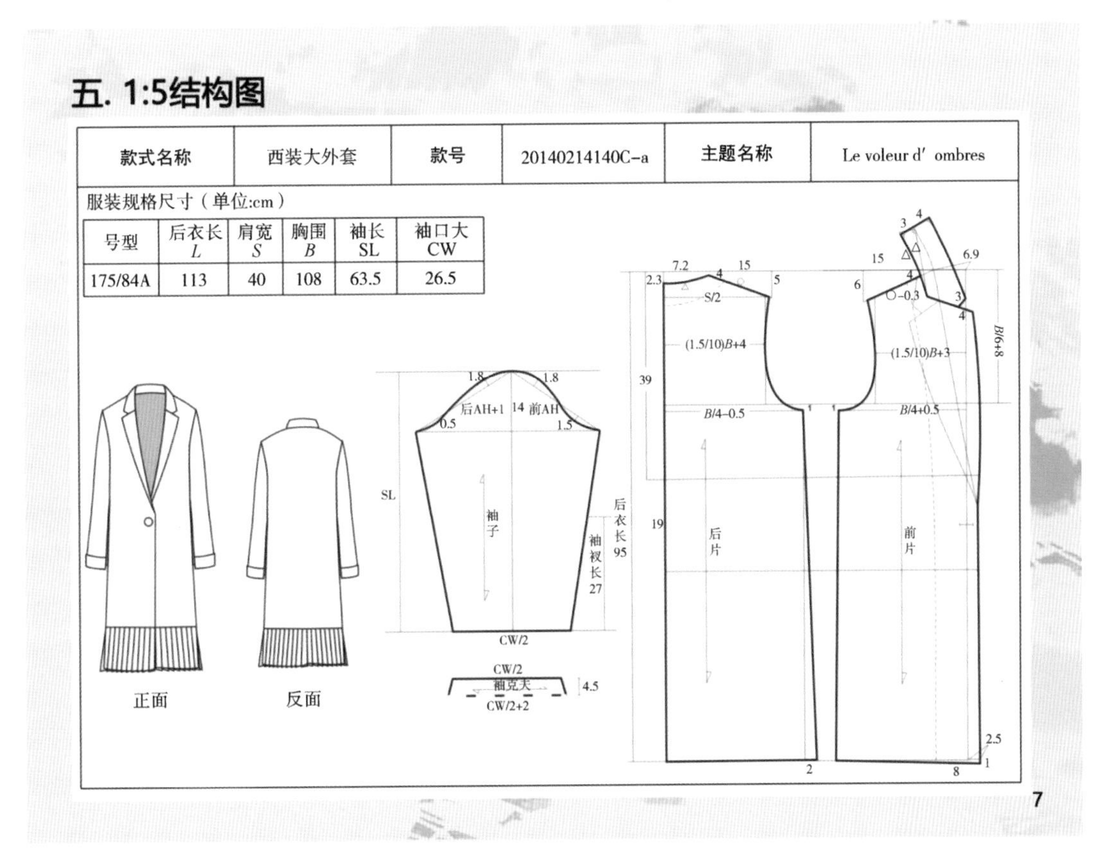

五. 1:5结构图

款式名称	西装大外套	款号	20140214140C–a	主题名称	Le voleur d' ombres

服装规格尺寸（单位:cm）

号型	后衣长 L	肩宽 S	胸围 B	袖长 SL	袖口大 CW
175/84A	113	40	108	63.5	26.5

图4–92　案例“尘世卷——Le voleur d' ombres”1：5结构图1

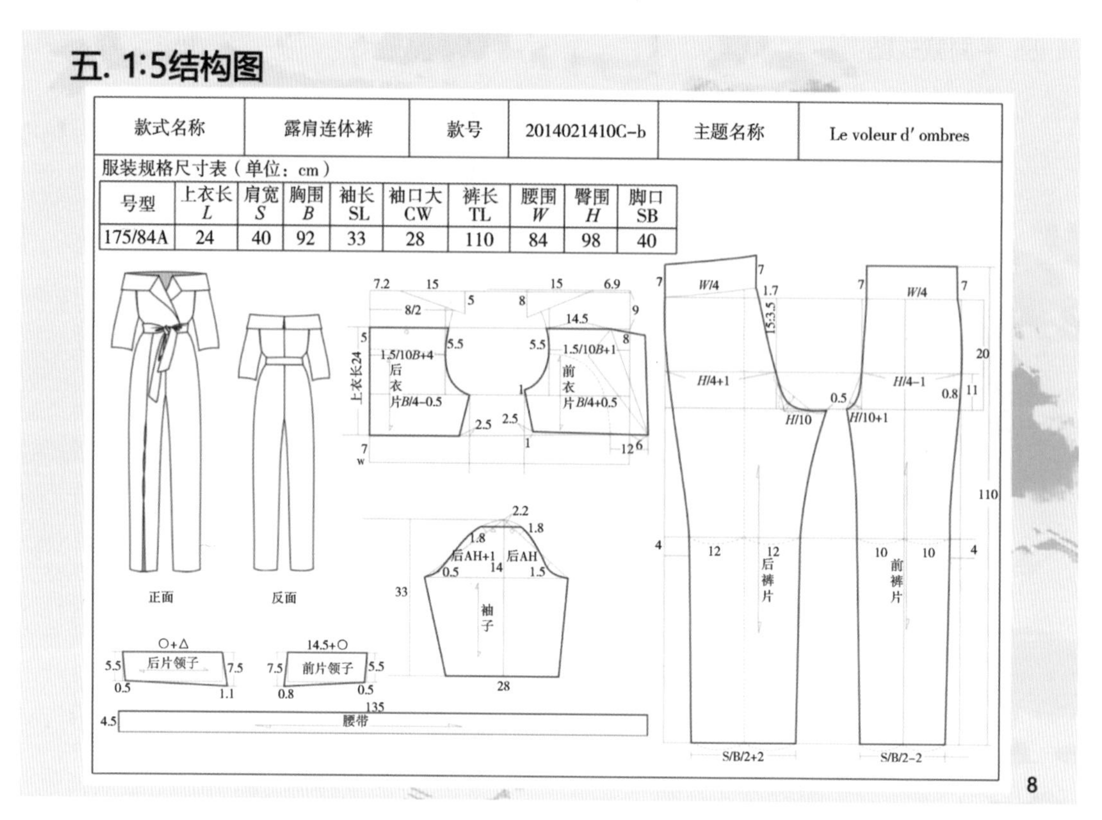

五. 1:5结构图

款式名称	露肩连体裤	款号	2014021410C-b	主题名称	Le voleur d' ombres

服装规格尺寸表（单位：cm）

号型	上衣长 L	肩宽 S	胸围 B	袖长 SL	袖口大 CW	裤长 TL	腰围 W	臀围 H	脚口 SB
175/84A	24	40	92	33	28	110	84	98	40

图4-93 案例“尘世卷——Le voleur d' ombres”1：5结构图2

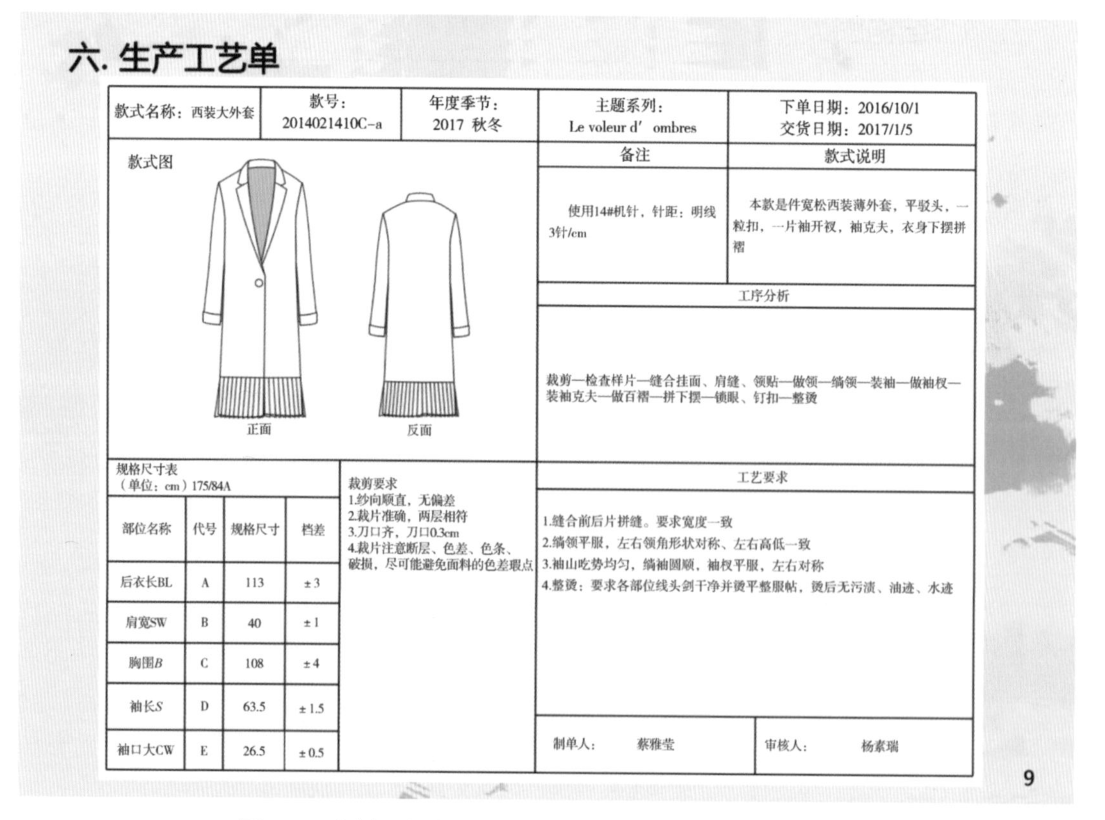

六. 生产工艺单

款式名称：西装大外套	款号：2014021410C-a	年度季节：2017 秋冬	主题系列：Le voleur d' ombres	下单日期：2016/10/1 交货日期：2017/1/5

款式图（正面、反面）

备注：使用14#机针，针距：明线3针/cm

款式说明：本款是件宽松西装薄外套，平驳头，一粒扣，一片袖开衩，袖克夫，衣身下摆拼褶

工序分析：裁剪—检查样片—缝合挂面、肩缝、领贴—做领—绱领—装袖—做袖衩—装袖克夫—做百褶—拼下摆—锁眼、钉扣—整烫

规格尺寸表（单位：cm）175/84A

部位名称	代号	规格尺寸	档差
后衣长BL	A	113	±3
肩宽SW	B	40	±1
胸围B	C	108	±4
袖长S	D	63.5	±1.5
袖口大CW	E	26.5	±0.5

裁剪要求
1.纱向顺直，无偏差
2.裁片准确，两层相符
3.刀口齐，刀口0.3cm
4.裁片注意断层、色差、色条、破损，尽可能避免面料的色差瑕点

工艺要求
1.缝合前后片拼缝。要求宽度一致
2.绱领平服，左右领角形状对称、左右高低一致
3.袖山吃势均匀，绱袖圆顺，袖衩平服，左右对称
4.整烫：要求各部位线头剑干净并烫平整服帖，烫后无污渍、油迹、水迹

制单人：蔡雅莹　审核人：杨素瑞

9

图4-94 案例“尘世卷——Le voleur d' ombres”生产工艺单1

六. 生产工艺单

款式名称：露肩连体裤	款号：2014021410C-b	年度季节：2017 秋冬	主题系列：Le voleur d' ombres	下单日期：2016/10/1 交货日期：2017/1/5

款式图

正面　反面

(单位:cm) 175/84A

部位名称	代号	规格尺寸	档差
上衣长L	A	24	±1
胸围B	B	92	±4
肩宽SW	C	40	±1
袖长S	D	33	±1
袖口大CL	E	28	±0.5
裤长TL	F	110	±3
腰围W	G	84	±4
臀围H	H	98	±4
脚口SB	I	40	±1

覆衬部位	挂面、领贴、袖贴、前片2/3/袖窿、领子、腰带	缉线要求	缝纫线：14#机针，针距：明线3针/cm;14# 拷边线：针距：4.5针/cm;

款式说明

本款连体裤露肩，贴领，中袖，高腰，系腰带，裤子分割开衩，后中装隐形拉链，腰部上下分割

工序分析

裁剪—检查样片—粘衬—锁边—缝合挂面—做领—绱领—装袖—缝合上衣里布—做裤衩—缝合裤片并熨烫—缝合上下衣裤—装隐形拉链—缝合腰里封口—做腰带—整烫

工艺要求

1.缝合前后片拼缝要求宽度一致，拉链安装平服
2.绱领平服，左右领角形状对称、左右高低一致
3.前后裆缝对齐、无错位，裆弯处缉缝圆顺
4.整烫：要求各部位线头剪干净并烫平整服帖，烫后无污渍、油及、水迹

制单人：	蔡雅莹	审核人：	杨素瑞

10

图4-95　案例“尘世卷——Le voleur d' ombres”生产工艺单2

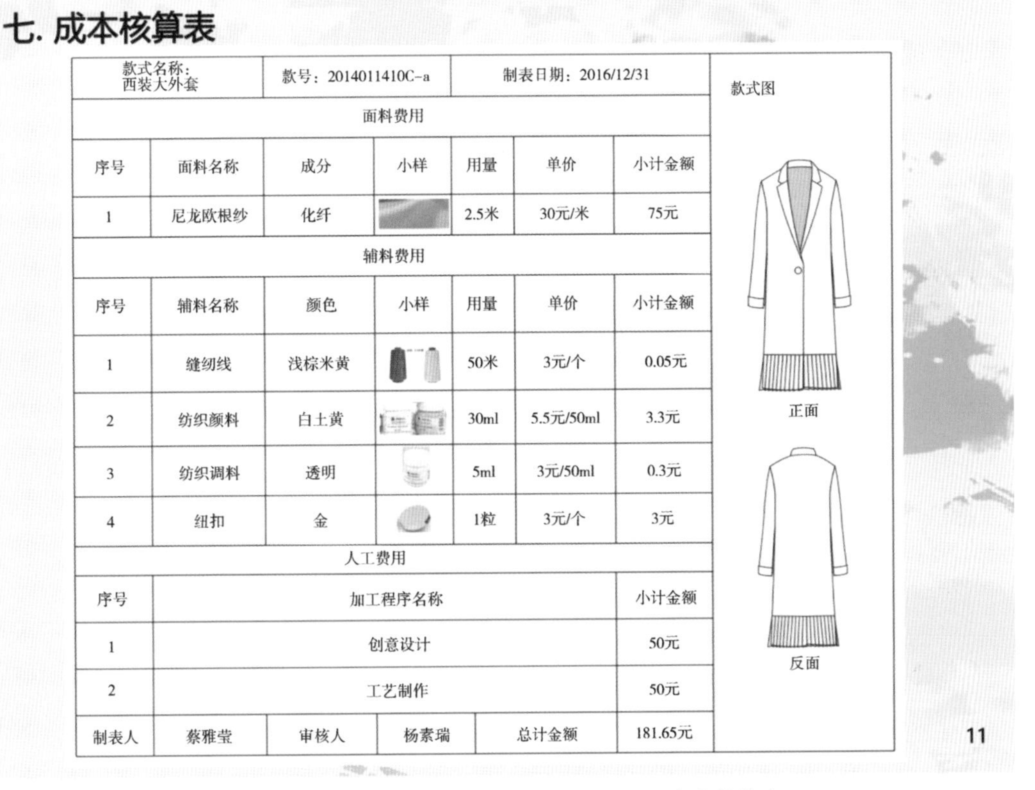

七. 成本核算表

款式名称：西装大外套		款号：2014011410C-a		制表日期：2016/12/31		
面料费用						
序号	面料名称	成分	小样	用量	单价	小计金额
1	尼龙欧根纱	化纤		2.5米	30元/米	75元
辅料费用						
序号	辅料名称	颜色	小样	用量	单价	小计金额
1	缝纫线	浅棕米黄		50米	3元/个	0.05元
2	纺织颜料	白土黄		30ml	5.5元/50ml	3.3元
3	纺织调料	透明		5ml	3元/50ml	0.3元
4	纽扣	金		1粒	3元/个	3元
人工费用						
序号	加工程序名称					小计金额
1	创意设计					50元
2	工艺制作					50元
制表人	蔡雅莹	审核人	杨素瑞	总计金额		181.65元

款式图

正面

反面

11

图4-96　案例“尘世卷——Le voleur d' ombres”成本核算表1

七. 成本核算表

款式名称：露肩连体裤		款号：2014021410C-b		制表日期：2016/12/31		
面料费用						
序号	面料名称	成分	小样	用量	单价	小计金额
1	卡丹皇	化纤		1米	15元/米	15元
2	卡丹皇	化纤		1.5米	15元/米	22.5元
辅料费用						
序号	辅料名称	颜色	小样	用量	单价	小计金额
1	缝纫线	蓝 白 绿 粉		200米	3元/个	0.2元
2	缝纫小线团	黄 橙 墨绿		18米	2元/个	0.2元
3	75D布衬	白		0.5米	5.4元/米	2.7元
4	隐形拉链	白		1条	1元/条	1元
5	里料	白		0.5米	4元/米	2元
6	卡丹皇	绿 黄 橙 墨绿 粉		0.2米	15元/米	3元
人工费用						
序号	加工程序名称					小计金额
1	创意设计					50元
2	工艺制作					50元
制表人	蔡雅莹	审核人	杨素瑞	总计金额		146.6元

款式图

正面

反面

12

图4-97 案例“尘世卷——Le voleur d’ ombres”成本核算表2

八. 成衣系列照片

13

图4-98 案例“尘世卷——Le voleur d’ ombres”成衣系列照片1

图4-99　案例“尘世卷——Le voleur d' ombres”成衣系列照片2

图4-100　案例“尘世卷——Le voleur d' ombres”成衣系列照片3

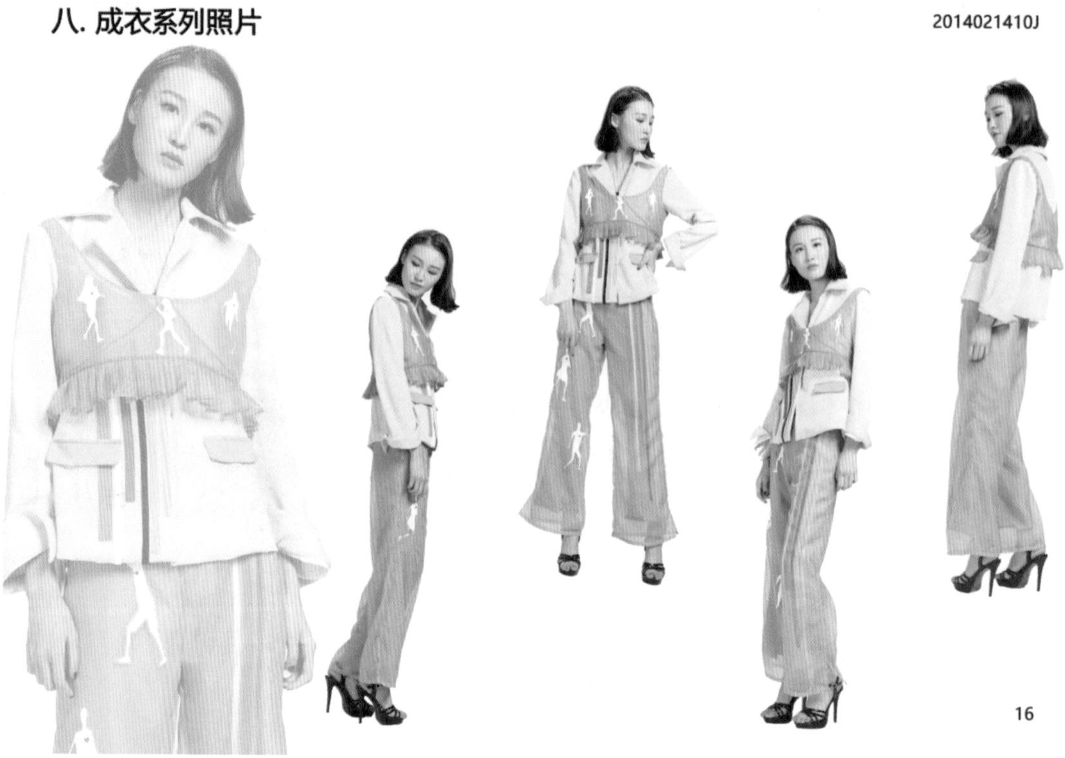
八. 成衣系列照片
2014021410J
16

图4-101 案例“尘世卷——Le voleur d' ombres”成衣系列照片4

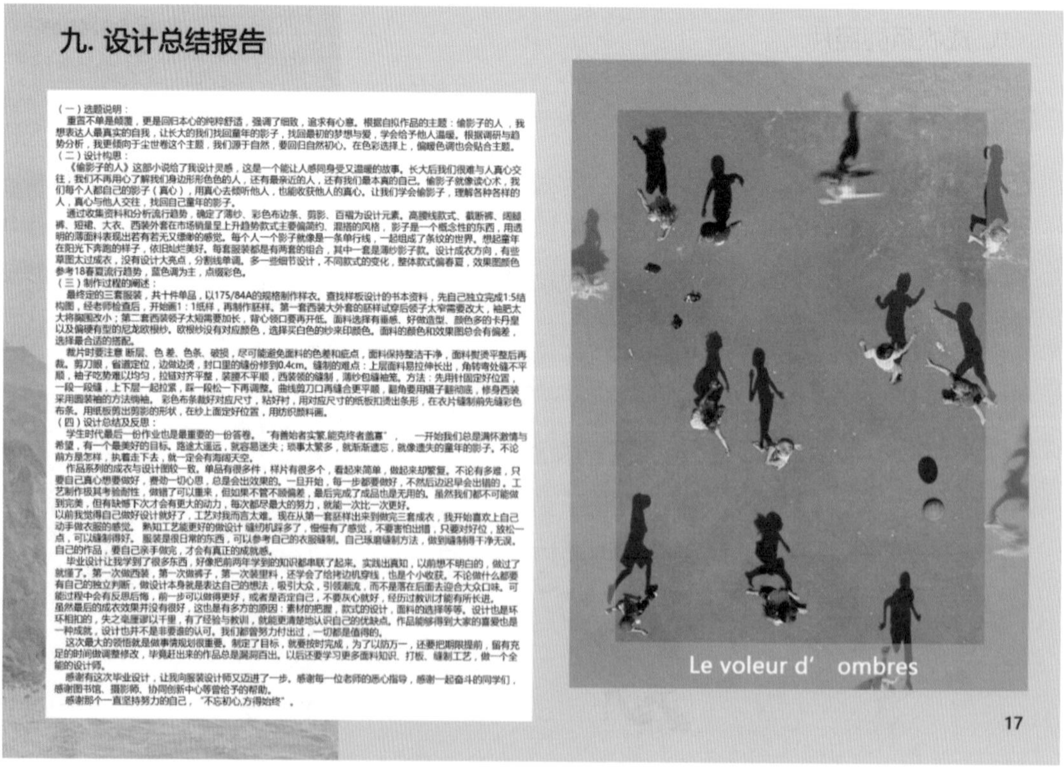
九. 设计总结报告
（一）选题说明：
重置不单是颠覆，更是回归本心的纯粹舒适，强调了细致，追求有心意。根据自拟作品的主题：偷影子的人，我想表达人最真实的自我，让长大的我们找回童年的影子，找回最初的梦想与爱，学会给予他人温暖。根据调研与趋势分析，我更倾向于尘世卷这个主题，我们源于自然，要回归自然初心。在色彩选择上，偏暖色调也会贴合主题。
（二）设计构思：
《偷影子的人》这部小说给了我设计灵感，这是一个能让人感同身受又温暖的故事。长大后我们很难与人真心交往，我们不再用心了解我们身边形形色色的人，还有最亲近的人，还有我们最本真的自己。偷影子就像读心术，我们每个人都自己的影子（真心），用真心去倾听他人，也能收获他人的真心。让我们学会偷影子，理解各种各样的人，真心与他人交往，找回自己童年的影子。
通过收集资料和分析流行趋势，确定了薄纱、彩色布边条、剪影、百褶为设计元素。高腰线款式、截断裤、阔腿裤、短裙、大衣、西装外套在市场销量呈上升趋势款式主要偏简约、混搭的风格，影子是一个概念性的东西，用透明的薄面料表现出若有若无又缥缈的感觉。每个人一个影子就像是一条单行线，一起组成了条纹的世界。想起童年在阳光下奔跑的样子，依旧灿烂美好。每套服装都是有两套的组合，其中一套是薄纱影子款。设计成衣方向，有些草图太过成衣，没有设计大亮点，分割线单调。多一些细节设计，不同款式的变化，整体款式偏春夏，效果图颜色参考18春夏流行趋势，蓝色调为主，点缀彩色。
（三）制作过程的阐述：
最终定的三套服装，共十件单品，以175/84A的规格制作样衣。查找样板设计的书本资料，先自己独立完成1:5结构图，经老师检查后，开始画1：1纸样，再制作胚样。第一套西装大外套的胚样试穿后领子太窄需要改大，袖肥太大将胸围改小；第二套西装领子太短需要加长，背心领口要再开低。面料选择有垂感、好做造型、颜色多的卡丹皇以及偏硬有型的尼龙欧根纱。欧根纱没有对应颜色，选择买白色的纱来印颜色。面料的颜色和效果图总会有偏差，选择最合适的搭配。
裁片时要注意 断层、色差、色条、破损，尽可能避免面料的色差和疵点，面料保持整洁干净，面料熨烫平整后再裁。剪刀眼，省道定位，边做边烫，封口里的缝份修到0.4cm。缝制的难点：上层面料易拉伸长出，角转弯处缝不平顺，袖子吃势难以均匀，拉链对齐平整，装腰不平顺，西装领的缝制，薄纱包缝袖笼。方法：先用针固定好位置，一段一段缝，上下层一起拉紧，踩一段松一下再调整。曲线剪刀口再缝合更平顺，翻角要用镊子翻彻底，修身西装采用圆装袖的方法绱袖。彩色布条裁好对应尺寸，粘好衬，用对应尺寸的纸板扣烫出条形，在衣片缝制前先缝彩色布条。用纸板剪出剪影的形状，在纱上面定好位置，用纺织颜料画。
（四）设计总结及反思：
学生时代最后一份作业也是最重要的一份答卷。“有善始者实繁,能克终者盖寡”，一开始我们总是满怀激情与希望，有一个最美好的目标。路途太遥远，就容易迷失；琐事太繁多，就渐渐遗忘，就像遗失的童年的影子。不论前方是怎样，执着走下去，就一定会有海阔天空。
作品系列的成衣与设计图较一致。单品有很多件，样片有很多个，看起来简单，做起来却繁复。不论有多难，只要自己真心想要做好，费劲一切心思，总是会出效果的。一旦开始，每一步都要做好，不然后边迟早会出错的。工艺制作极其考验耐性，做错了可以重来，但如果不管不顾偏差，最后完成了成品也是无用的。虽然我们都不可能做到完美，但有缺憾下次才会有更大的动力，每次都尽最大的努力，就能一次比一次更好。
以前我觉得自己做好设计就好了，工艺对我而言太难。现在从第一套胚样出来到做完三套成衣，我开始喜欢上自己动手做衣服的感觉。熟知工艺能更好的做设计 缝纫机踩多了，慢慢有了感觉，不要害怕出错，只要对好位，放松一点，可以缝制得好。服装是很日常的东西，可以参考自己的衣服缝制。自己琢磨缝制方法，做到缝制得干净无误。自己的作品，要自己亲手做完，才会有真正的成就感。
毕业设计让我学到了很多东西，好像把前两年学到的知识都串联了起来。实践出真知，以前想不明白的，做过了就懂了。第一次做西装，第一次做裤子，第一次装里料，还学会了给拷边机穿线，也是个小收获。不论做什么都要有自己的独立判断，做设计本身就是表达自己的想法，吸引大众，引领潮流，而不是落在后面去迎合大众口味。可能过程中会有反思后悔，前一步可以做得更好，或者是否定自己，不要灰心就好，经历过教训才能有所长进。
虽然最后的成衣效果并没有很好，这也是有多方的原因：素材的把握，款式的设计，面料的选择等等。设计也是环环相扣的，失之毫厘谬以千里，有了经验与教训，就能更清楚地认识自己的优缺点。作品能够得到大家的喜爱也是一种成就，设计也并不是非要谁的认可。我们都曾努力付出过，一切都是值得的。
这次最大的领悟就是做事情规划很重要。制定了目标，就要按时完成，为了以防万一，还要把期限提前，留有充足的时间做调整修改，毕竟赶出来的作品总是漏洞百出。以后还要学习更多面料知识、打板、缝制工艺，做一个全能的设计师。
感谢有这次毕业设计，让我向服装设计师又迈进了一步。感谢每一位老师的悉心指导，感谢一起奋斗的同学们，感谢图书馆、摄影师、协同创新中心等曾给予的帮助。
感谢那个一直坚持努力的自己，“不忘初心,方得始终”。
Le voleur d' ombres
17

图4-102 案例“尘世卷——Le voleur d' ombres”设计总结报告（中文）

图4-103　案例“尘世卷——Le voleur d' ombres”封底

思考题

1.实用性服装设计的流程是怎样的?

2.实用性服装设计的构思方法主要有几种?请简述。

3.毕业设计文本制作从哪几方面着手?

作业布置

完成实用类毕业设计系列1个，按要求独立制作完成成衣3套，制作详细精美的毕业设计文本1份。

第五章　以创意服装设计为主线进行毕业设计选题的设计指导

课题名称： 以创意服装设计为主线进行毕业设计选题的设计指导

课题内容： 解题、定题、设计构思、制订设计方案、设计实施、设计实现

课题时间： 9周

教学目的： 通过以创意服装设计为主线的毕业设计，旨在培养服装设计专业学生创意思维能力和对服装整体设计进行认识和研究，以在款式设计中能用独特的视觉角度捕捉市场卖点，并且能灵活地为今后从事设计工作做好准备。

教学方式： 以创意服装设计为主线的毕业设计整个指导过程是以单个学生为单位，在指导教师逐一的指导下，由学生自选主题，然后展开信息收集、独立构思、款式设计和完成成衣制作。在这一过程中应较多地采用讨论法、分析法、启发式等教学互动性强的教学方法，充分挖掘学生的创意思维和专业综合能力。

教学要求： 1.让学生了解《毕业设计指导书》中的几个选题要求。

2.让学生结合自身的专业能力对主题进一步进行分析、理解，并开始初步收集资料。

3.让学生了解资料收集对于设计的重要性，以及资料收集与整理的方法，并确定本次毕业设计的设计主题和设计方案。

4.让学生掌握创意装设计的构思方法和设计的表现手法。学会善于捕捉设计的“闪光点”，并对款式进行延伸设计。

5.让学生学会选好材料，对于一些特殊面料，学会面料的再造，并会根据款式设计选择立裁或平裁进行坯样试制和成衣的制作。

6.让学生学会通过服饰搭配完成服装的二次创意设计。

7.让学生学会毕业设计文本的制作。

首先，我们要清楚什么是创意设计。按字面理解，创意设计是指原始创作的设计，是之前别人没有设计过此类的样式；是通过发挥人的创造力，去产生新事物，即创造出一些独特的、原创的，符合当代人们审美需要的、有意义的样式，使其更具有审美或市场的竞争力，并能脱颖而出。它们与大众设计的不同之处就在于融入和体现了人们丰富、独特的创意。由于现实生活之中，所谓的原创设计，一般不可能完全凭空想象，设

计都是有延续性的，或者说是有借鉴性的，也需要顺应当前的服饰潮流。因此，在设计创意性服装时，追求原创性，应强调服装的创造性和流行趋势的预测性。实用类的服装必须以市场为导向，以消费者为核心进行设计；而创意性的服装为了强调创造性，形式、材料以及设计对象不受任何的约束，可以拓展学生的创造性思维。

毕业设计是对学过的基础理论知识和专业技术实践的一次综合和完善，在这里应更注重对创意服装设计程序和方法的指导（图 5-1）。

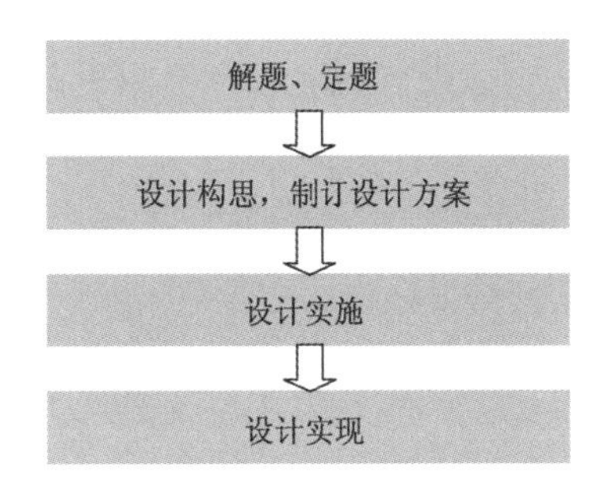

图5-1　创意服装设计流程

第一节　解题、定题

一般情况下，以创意为选题的毕业设计有好几个主题，如 2019 年浙江纺织服装职业技术学院的毕业设计的总主题为《重置》（参照 WGSN 2017~2018 年秋冬流行趋势）。主题诠释为：科技持续进步，可持续发展迫在眉睫，陈旧的社会符号已被淘汰。大数据作为社会沟通的桥梁，生于生活，融于生活；对于自己的定位，彼此之间的互动方式以及对所使用产品的期望都发生了重大改变。“重置”成为本季的核心。风格融合，不分季节、全年宜穿颠覆了季节性着装的概念；宽松的廓型取代紧身设计，盛装打扮不再牺牲舒适，舒适才是新奢华成为又一理念；现在与过往的关系变得越来越多样，带动怀旧风格的淡化，时尚的历史风格重新定义了现代感的不朽设计。消费者又重新讲究起产品的细节、材质、工艺和出处，追求有意义的设计。在这一季，我们将按下重启键，反转我们的生活、设计和工作，重置未来、重置自我、重置企业、重置科技、重置设计、重置环境、重置自然、重置价值……按照主题的诠释，在《重置》这一总主题下，又拟定以下四个设计主题模块方向：设计志、尘世卷、夜行曲、进化论。当学生拿到这些选题的时候，对主题还是不理解和感到困惑，更不要说让学生立即定下一个主题来进行创意设计。因此，教师要向学生做好每个主题的解题工作。

一、解题

解题是非常重要的。由于学生先前生活经验和各种信息资料的缺乏，当刚拿到选题时，总会感到困惑、无从入手。此时，教师要对每个选题做好解题工作。

首先，教师需要对题目的背景、概念向学生们予以诠释。如《设计志》方向的主题背景是：在当今的时代下，设计至关重要。其角色将发生改变，我们希望产品为社会带来福利，做出积极贡献的产品将被认可与追求。价值将被重新定义，人们放弃以自我为中心的理念。

在这个世界上，产品的生命周期将被延长，新经典将涌现。可持续发展变得复杂。该主题所诠释的概念是：探索可持续发展对设计产生的影响和其日益增长的必要性，主张可持续设计发展以及产品不可或缺的持久改进。废弃产品化身为美观的装饰材料，让产品的周期得以延长。可持续设计变得更加优雅。色彩的灵感源自经过岁月洗礼以及循环再生的材料。就表面和材料而言，后工业和废弃物集合自动化处理和手工工艺，打造出全新的设计美感。小批量生产结合装配线，将自动化与手工艺融合。设计关键词：工业风、高街时尚、功能创造形式、改良材料、前卫可爱、解构经典、新摩登风。通过对主题的诠释，学生在设计时就很容易把握方向。如图 5-2 所示，设计者徐芳琳的 Game（游戏）系列，灵感来源于年轻人追崇的电玩、游戏、动漫，这三者之间又是三位一体的关系，游戏上的造诣少不了动画、动漫的加分。设计者在自己平时玩游戏时的发现，将游戏和动漫相结合，比如衣服上运用了游戏中的"血量条"、游戏手柄、《蜡笔小新》的片头曲的启发。在色彩上，选择了偏粉的各种霓虹色，这些七彩的颜色暗喻了电玩常用的色彩，呼应了游戏者表面上显得非常孤独，而内心却是彩色的，那是因为游戏上的各种设计给了他们一个彩色奇幻的世界，但也因此深陷其中无法自拔。

以《设计志》为主题方向的设计作品还有《Funny Kingdom》，如图 5-3 所示。设计者

图5-2　以游戏为主题的原创设计　设计：徐芳琳　指导教师：姚其红

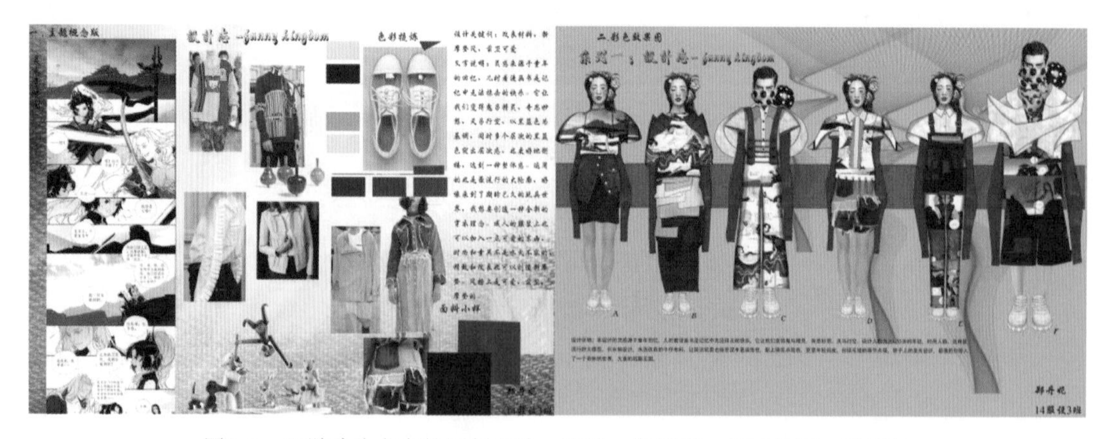

图5-3　以游戏为方向的原创设计　设计：郑丹妮　指导教师：姚其红

郑丹妮以儿时所看漫画中那份抹不去的快乐记忆为灵感来源。因为漫画曾经让她变得鬼马精灵、奇思妙想、天马行空。在设计款式时追求服装的大廓型、层次感，动漫的故事情节作为图案元素，好像来到了期盼已久的玩具世界，让时尚和童真完美地融合，表现了可爱、前卫、摩登的风格。

其他的三个主题的诠释又分别如下。

1.《尘世卷》主题方向

背景：在被电子屏幕充斥的世界，我们渴望与大自然的亲身接触，通过动物的眼睛观看世界，张开双臂，迎接大地的洗礼，感受狂野自然的热情。我们对于地球的视角将在微观和宏观之间交替，色彩将扮演新的角色，实体性也将唤醒人们曾有的初心。

概念诠释：灵感来自于纵横大地，探寻自然的狂野天性。在被屏幕充斥的世界，我们渴望与大自然的接触。科技的日新月异正改变着我们看待世界的方式，为我们提供审视大自然的微观和宏观视角。高清晰的色彩是关键，灵感源自黎明和黄昏的黄金时段。材料采用纯粹的天然元素，从生物生长到经过改良和加工。天然垃圾启发全新的生物材料，活体皮肤利用细菌加工而成。常见的纺织面料表面模仿菌类和青苔图案，以天然构造呈现，原始美感是该主题的核心，体现在变幻莫测的色彩、地质图案和自由形态的构造上。

关键词：森林格调、新游牧民、现代粗犷风、源自荒野、大自然灵感、天上仙境。

以《尘世卷》为主题方向的设计作品有《雨景》，如图 5–4 所示。设计者朱雅姿，从自然界中去找寻设计灵感，她将人们对下雨淅沥时如甘霖的静谧、滴答滴答落下时像断了线的珠子、洒落的沙沙声的抽象情感意识进行了捕捉。用灰黑色、宝石蓝、浅灰色作为服装的基调色，白、黄作为点缀色，并把雨的形态转化到具有简单廓型感的服装上，用多层薄纱的层叠黏合来表达朦胧感，增添更多的细节感。

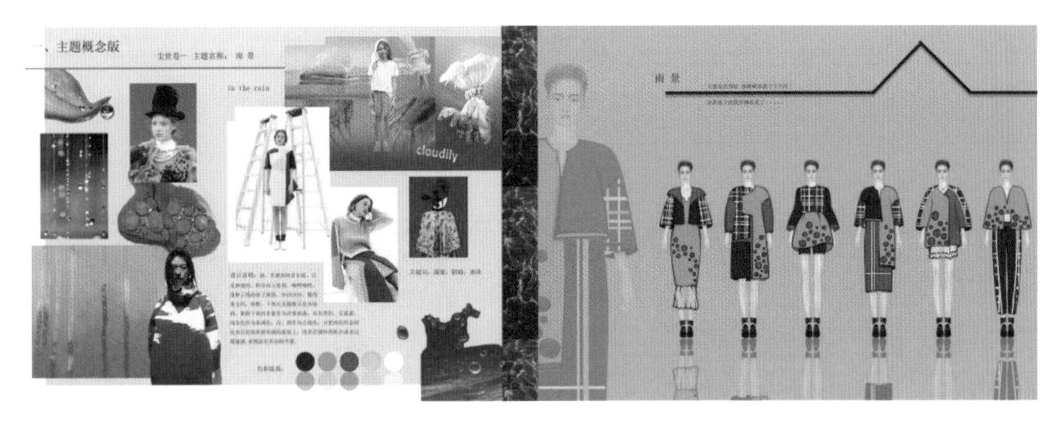

图5–4 以《尘世卷》为方向的原创设计1 设计：朱雅姿 指导教师：姚其红

以《尘世卷》为主题方向的设计作品还有《迷路》，如图 5–5 所示。设计者周静怡以森林中神秘象征的麋鹿为设计灵感来源，并将麋鹿图案作为主元素进行扩展，和采用针织、拼贴、面料肌理处理等装饰工艺予以实现。色彩为当下流行的冰淇淋色系。

图5-5　以《尘世卷》为方向的原创设计2　设计：周静怡　指导教师：姚其红

2.《夜行曲》主题方向

背景：在面临恐惧的挑战时，我们学会平衡悲观与乐观的能量，找到释放自我的解决方案。忧郁成为创造力的有效导体，让我们深入探索地球和所在空间的最远端，沉浸在壮观、神秘的黑暗之中。午夜时分的临界点模糊不清，以截然不同的观点奠定了本季的魅惑基调。

概念诠释：混乱和不安是该趋势的中心，拥抱光明来临之前的黑暗。探索黑暗中的隐隐光亮，从夜晚和心空汲取灵感。过渡是该趋势的关键主题，具有夜间氛围的产品经过转化，可在白天使用。就色彩而言，阴郁的夜晚色调和月光亮色组成调色板。材料为沉浸和感官体验奠定基调，表面采用朦胧的渐变色和滤色，带来不同层次的深度。透明感和反射效果，光泽和玻璃式的表面效果，刻面和六角形手风琴褶裥展现鲜明表面，有时配以发光或背光轮廓，宇宙闪烁效果和嵌入式装饰营造浪漫的格调。

关键词：休闲哥特风、黑暗潮流、日夜皆宜、纯粹、神秘颓废风、黑色梦想。

以《夜行曲》为主题方向的设计作品有《黑夜的黎明》，如图5-6所示。设计者钱东辉，灵感来源于原始丛林中拥有着最初文明的部落们所拥有的最纯粹的智慧和神秘想法。因此款式设计元素提取原始部落中人们身体上的神秘图案，服装的轮廓运用了不对称设计和大量的流苏在肩部、下摆等部位作为装饰。面料主要采用黑色珍珠呢、灰色毛呢，并以反光

图5-6　以《夜行曲》为方向的原创设计1　设计：谢赛健 指导教师：姚其红

的 PVC 面料作为图案的面料，这种反射的效果可以营造出神秘的气氛。

以《夜行曲》为主题方向的设计作品还有《黑色进行曲》，如图 5–7 所示。设计者谢赛健以现代年轻人追崇的新时代街头牛仔风格为设计切入点，黑色的基调、粗犷的牛仔面料、波普印花图案、白色的装饰线迹、拼块，都体现了当代时尚青年所追求的放松、自由的心态。

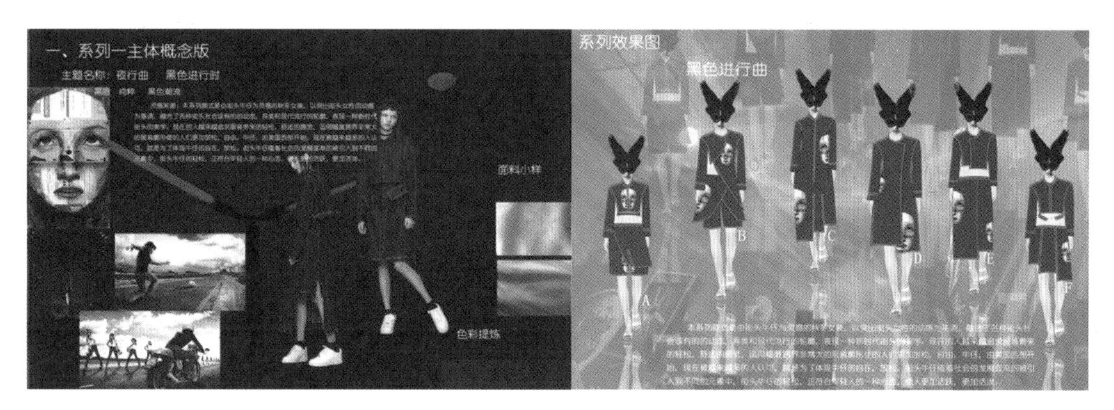

图5–7　以《夜行曲》为方向的原创设计2　设计：谢赛健　指导教师：姚其红

3.《进化论》主题方向

背景：在现实和数字化的世界中，人类与机器在不断融合，我们的大脑与身体，硬件与软件，我们的存在在发生着变化。科技已成为生活中不可分割的一部分，逼真、直观也将成为科技的一大属性。可佩戴性的科技越发普遍，融入触感和装饰性的面料和形态，自然而然地展现。

概念诠释：聚焦人类与科技之间越发模糊的界线，摸索现实与虚拟、触感与科技、过去与现在的交汇融合。注重融汇与演化，探索虚拟与现实、华丽与极简之间的交集。极端元素的碰撞产生一种平凡奢华感，利用多种装饰，启发一系列不协调的色彩。启发经典而现代的表面和材料，展现新颖风格。20 世纪 70 年代的华丽风范得到微妙诠释，极繁与极简之间存在着优雅的平衡，设计凸显华丽和触感。产品更具魅力，采用奢华的材料、另类的色彩组合以及弯曲而简洁的形态。

关键词：后复古、电影风格、奢华家居服、极简极繁、柔软量感、运动科技风。

以《进化论》为主题方向的设计作品有《寻找乌托邦》，如图 5–8 所示。设计者黄素素的灵感来源于电影《长袜子皮皮》，“斯邦克”在《长袜子皮皮》中是谜一样的存在，一个因主人公的天马行空而被赋予的“生命”。她坚信“斯邦克”存在于她所生活的世界。于是为自己不经意间创造的“生命”进行寻找探索。这一切也许会让我们成人忍俊不禁，因为我们成长的过程中，扼杀了自己童年的想象力。我想我们都会羡慕皮皮的童年，她做着我们“想飞却不能飞的梦”。所以设计者热切地把小主人公随意、自由、趣味的童年融入这个像绅士一样优雅的系列中。愿不断长大变老的我们对“斯邦克”仍抱有想象。此系

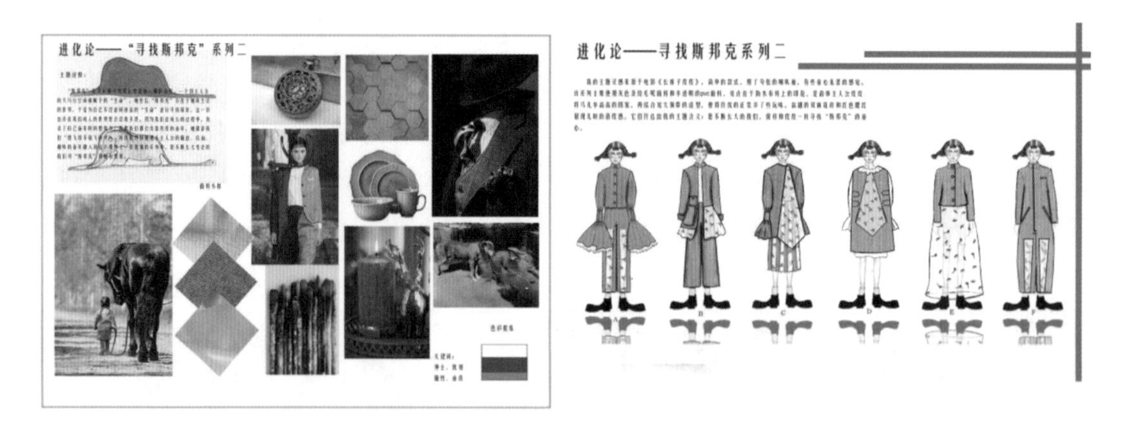

图5-8　以《进化论》为方向的原创设计　设计：黄素素　指导教师：卢亦军

列的款式设计简洁，结合夸张的喇叭袖，有些童心未泯的感觉。面料主要是灰色条纹毛呢和半透明 PVC 面料，亮点在于防水面料上的印花，是故事主人公皮皮将马儿举高高的图案，再结合宽大领带的造型，使得传统的正装多了一些玩味。高翘的双麻花辫和红色腮红展现儿时的俏皮感。它们传达出主题含义：愿不断长大的我们，保持和皮皮一样寻找“斯邦克”的童心。

对主题进行初步理解后，就要为接下来的设计展开收集信息和资料了。

二、信息、资料的收集整理

第四章已经详细介绍了设计资料收集的内容、方法，这里不将其作为重点来讲。创意性服装设计不是以市场调研为突破口，设计师要体验生活，从生活中吸取灵感，搜集资料和信息。要围绕创意为主线的主题来收集信息、资料。最后对收集到的资料信息进行分析和整理，从中找到开题的突破点，再结合学生自身的专业能力、知识结构和喜好风格选定设计主题。

信息资料是进行主题式原创服装设计的另一重要资源。当收集了一定的资料后，应该学会对它们进行整理和归类，因为有些信息资料是可以利用的，有些是不能利用的。例如，在信息整理时，要分清直接利用的信息、间接利用的信息和不可利用的信息。直接利用的信息是指与设计要求、风格相接近，可以直接参考和模仿的信息资料。间接利用的信息是指与设计定位的风格无直接关系，但可以触类旁通，具有一定参考价值的信息资料。不可利用的信息是指不具备权威性和准确性的信息，或与自己的设计定位毫无关系的信息。对流行信息进行收集和整理是设计创新的重要资料。

学生在进行信息资料的整理和归类的时候，指导教师也要给予一定的指导，帮助他们进行归类和提炼，帮助学生在资料收集的时候目标更明确（图 5-9、图 5-10）。

三、确定主题

对信息资料进行整理和归纳后，还要对信息进行分析、归纳和提炼。对资料中流行趋

图5–9　款式收集：2018年春夏米兰Prada（普拉达）女装发布会

图5–10　从网站上收集到的启迪设计灵感来源的图片资料

势预测的一些重点色彩、面料、纹理和风格细节加以关注，并选择自己感兴趣、易产生联想的又与备选主题相关联的信息资料加以整理，初步确定一个构思的方向，即确定设计的主题。还是以备选的以下四个主题为例：奥运精神主题、自然世界主题、都市之魂主题、民族情结主题。若比较喜欢中国的传统文化，在收集资料的时候又找了许多与“鱼”有关的资料，那么可以在鱼文化上展开联想，并与几个主题方向相对应，最后确定你的主题方向。

第二节 设计构思、制订设计方案

设计主题确定后，就要着手构思设计进行画草图了，画草图仅靠前面的资料信息收集是不够的，这只是为了确定主题的需要进行的。画草图也不是随心所欲画的，画草图前需要有很多的准备，首先，去寻找灵感来源；其次，从各个角度，运用不同的方法进行设计的构思；再次，要收集流行款式；最后，结合自己的专业知识和对服装的理解进行反复推敲，等到“胸有成竹”了，设计草图顺其自然就出来了。

围绕选定的主题捕捉设计灵感是构思设计的前提。灵感的捕捉是一种缘分，甚至是偶然性与必然性的结合。没有灵感，创意将面临枯竭，款式设计也将是拼凑出来的缺乏新意和自我风格的“四不像”，更无从强调创意的设计。当然，灵感需要丰厚的知识积累和丰富的想象力，不是一朝一夕就唾手可得的。因此，对于设计灵感的指导要根据学生选定的主题和个人文化修养、喜好加以引导。创意概念服装构思设计流程如图 5-11 所示。

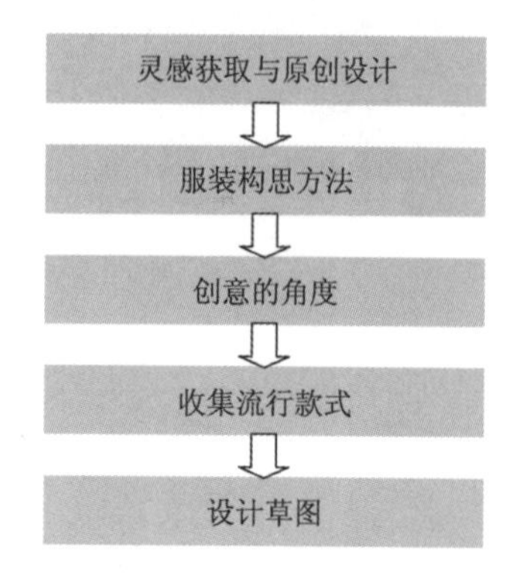

图5-11 创意概念服装构思设计流程

一、灵感获取与原创设计

对于创意服装设计而言首要考虑的、也不可缺少的就是创新设计。而创新设计离不开灵感，然而灵感又是可遇而不可求的，它具有突发性、灵活性。灵感需要设计师主动地去寻找，从有形到无形，世间万物都可以是设计灵感的源泉。绵长悠久的服装发展史，变幻无穷的自然风物，绚烂多姿的民族民间文化，丰富多彩的艺术，日新月异的现代科技，繁华喧闹的都市生活，瞬息万变的流行时尚，都为设计师提供了源源不断的设计素材，并激发他们的灵感，进而使之形象化（图 5-12~ 图 5-15）。在生活中，能够观察、感觉、体会到各种有益于设计的素材，这是成为合格设计师必不可少的条件。

生活中存在着无数的设计题材可以引发无尽的创作灵感。设计灵感的闪现源于设计师对生活和设计事业的热爱，它不是凭空而来的，它需要设计者在日常生活中感悟生活，感知世界，长期专注于某一事物，在不断的探索追求中，才会有灵感的迸发。当大脑处在设计思维状态时，由于相关事物的启发、相关语言的提示、相关信息的作用，通过联想即可触发设计的灵感。

二、服装构思方法

服装的构思方法主要有仿生、联想、借鉴。

图5-12　灵感来源于欧洲宫廷服装设计
设计：濮一娇　指导教师：卢亦军

图5-13　灵感来源于自然界的设计

图5-14　灵感来源于机械中的零部件　设计：董炜君　指导教师：徐逸

图5-15　灵感来源于海底世界的生物　设计：毛颖颖

（一）仿生

仿生是服装设计的重要构思方法，设计师从宇宙间万千物景中汲取设计灵感，并运用丰富的想象力和创造性思维，通过联想、组合、物化等手段进行服装设计的构思。

自然界的万物有很多非常优美的造型和不可思议的形态，在服装设计中，仿生会以其结构、色彩、造型、意象为原型展开构思设计，构思时既可追求对原型具象的模仿，也可借助于原型的内在神韵和基本特征进行演绎，如沙滩、岩石、空气，既可从其质感汲取灵感，又可从其色彩上展开想象，各种花草的形态和神韵都可以为服装的设计提供灵感。仿生的关键是不能生搬硬套，一定要灵活，要与服装的基本性质相结合，要与设计风格协调，要与流行时尚同步，避免造成视觉上和感觉上的生硬感、混乱感（图 5-16、图 5-17）。

图5-16　凌雅丽作品中的仿生设计

图5-17　国外秀场中的仿生设计

（二）联想

联想是一种线性思维方式，是由一种事物联想到另一种事物的构思方法，联想法是拓展形象思维的好方法。

服装设计中的联想是以某一个意念为出发点，展开相关的连续想象，在一连串的联想过程中截取某一点自己最需要又最适合发展成为服装样式的东西，为设计所用。联想用于服装设计主要是为了寻找新的设计题材，拓宽设计思路。由于每个人的审美情趣、艺术修养和文化素质不尽相同，因此，不同的人从同一原型展开联想设计，会有不同的设计结果，如图 5-18 所示，是对建筑的联想。

图5-18　建筑的联想

（三）借鉴

对某一事物进行有选择性的吸收、融汇形成新的设计，这就是借鉴。服装设计师在设计构思过程中，仅靠凭空想象，犹如无源之水、无本之木，思维无法展开、深化，它需要一定的物质要素为其丰富、充实设计。历史服装、民族与民间文化、优秀服装设计、服饰品以及某种局部造型的色、形、质，或某种工艺处理手法等都是借鉴的对象。如现代设计师常以某一历史时期或某一民族的服饰为素材，借鉴和汲取其中某些造型元素、色彩元素、图案要素进行设计构思，设计既有时尚感又有文化底蕴的现代服装。

借鉴可以是服装之间的借鉴，如不同功能、不同场合、不同性别、不同材料的服装相互借鉴；也可以借鉴其他事物具体的形、色、质、意、情、境及组合形式。借鉴可将原型的某一特点借鉴过来，用到新的设计中，这是一种有取舍的借鉴，或借鉴造型却改变材质，或借鉴材质却改变造型，或借鉴工艺手法却改变其造型、材质等（图 5-19、图 5-20）。

在原创服装设计中，要围绕主题的需要和服装设计所表达的意境及表现风格来确定构思的方法，为了更好地表现服装款式，一般要综合使用各种构思方法。

图5-19　“盖娅传说”2019年春夏设计对敦煌壁画的借鉴

三、创意的角度

服装设计创意的角度是指服装设计的切入点、突破点，在设计目标定位过程中，与这个定位有关的形态、状态都可能是切入点，尤其

图5-20　设计大师加里亚诺对东方文化的借鉴

是那些最为典型的形态特征、最为鲜明的状态形式更会引起注意。由于设计目的不同，设计创意的角度也会不同，设计构思有时是单一角度，有时也会多角度表现在具体款式设计中，应该选择最能体现设计目标的角度进行服装设计构思。时装设计师日常生活的态度和嗜好对设计构思的影响很大，由于设计师的构思角度和方法不同，设计的感觉会完全不同。

（一）从风格出发

服装的风格最能体现服装的个性体征，它能够融入设计者的主观意识，使其明显不同与其他的服装。现代服装的设计风格越来越受到人们的青睐。由于设计师的文化内涵、艺术修养、环境、兴趣爱好不同，使其对服装的款式造型、色彩、材料处理也各不相同，从而形成了极具个性、极具风格的设计作品。服装风格的设计要受时代、民族的限定，从风格出发的设计要求不断地求新、求变（图 5-21~ 图 5-24）。

图5-21　洛可可风格的创意设计

图5-22　根据阿尔卑斯和北欧风格的图案设计的民族风情时装

图5-23　职业风格的创意时装
（品牌：Georges Hobeika）

图5-24　前卫风格的服装创意

（二）从情调出发

从情调出发的设计是指在设计之初，就对服装所体现出来的气氛和感觉进行定位的设计。它是一种对服装内在精神的表达，它运用色彩、造型、工艺结构、材料等服装构成要素营造出服装的情调，以情调入手的设计，或以某种抽象的事物为主题，如清晨的薄雾、城市的车流川息、涌动的都市等，运用服装的款式造型、色彩配置、面料组合、装饰纹样来体现其意境情调；或以某种印象为启示，如以奢华、幽雅、刺激、端庄、明快等为出发点，用相应的服装要素加以体现。从情调出发的设计多用在创意服装、特色时装设计中。如图 5-25 所示，运用装饰纹样、气球等元素的可爱情调设计。

图5-25 运用装饰纹样、气球等设计元素体现的神秘及可爱的情调

（三）从主题出发

从主题出发，便于把握服装的整体氛围，设计时通过服装的款式特征、面料肌理、色彩配置、装饰细节、图案运用等来表现服装的主题构思。

主题可以启发灵感，选择一个具象的主题，根据这个主题形象的感觉来构思服装造型。利用款式特征、面料肌理，色彩配置及图案装饰等再现主题的整体感觉。比如，环保问题是全球共同关注的话题。环保意识以及自然主义意识也影响到了服装领域。自然的形态、肌理、色彩、材质、染料，种种都渗透到了设计的方方面面。大自然是美好的，令人向往的。从其中汲取灵感作为设计要素，其效果也是很好的，取之自然，胜于自然。比如，以艺术或人文素材为主题，许多设计师非常善于从艺术创作或艺术品中汲取灵感。巴伦夏加、圣洛朗、三宅一生等设计大师，从绘画、雕塑等艺术品中获取灵感创作的服装作品成为经典之作。艺术皆可化作设计语言，或作为面料图案，或作为服装造型，或利用色彩效果，可以说取之不尽，用之不竭。一些艺术造型物，也常常被看作是设计的灵感之源。如传统的扇、鼓、灯饰、陶瓷、家具，民间的剪纸、刺绣、布艺等，经过设计师的特殊加工处理变为服装设计的语言（图 5-26、图 5-27）。

图5-26 第17届中国“汉帛奖”以“国庆招待会”为主题的参赛作品

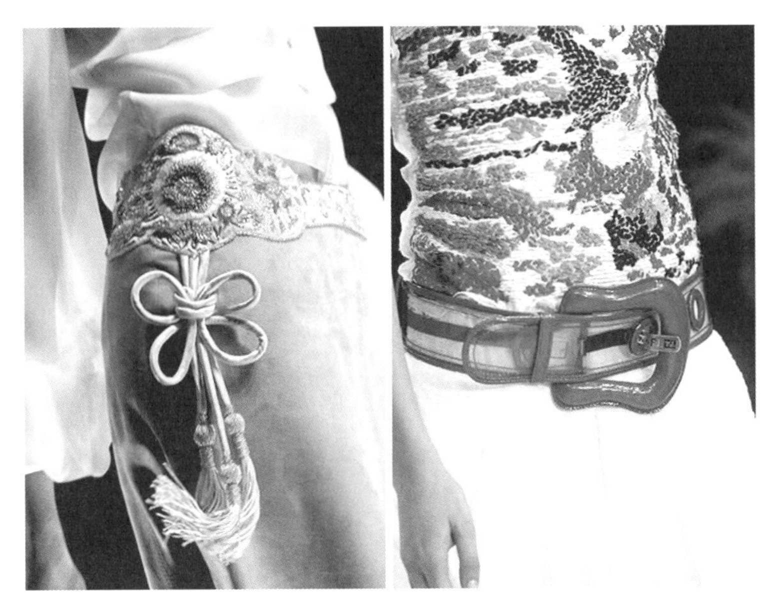

图5-27　以刺绣等装饰为主题的设计

（四）从材料出发

材料是服装设计的基本元素，它对于设计效果的实现至关重要，它是服装设计的物质基础、成本因素和品质基础。狭义而言，服装的材料就是指面料、里料和辅料。随着科技的进步，服装材料有了很大的发展，多种编织技术和合成材料的开发，给设计师提供了更为广泛的选择。作为原创服装设计，将材料仅仅局限于狭义材料的概念是不行的，而是要拓宽到其他的合成材料，如各种金属、木质、玻璃等材料。服装配饰材料可用任何一种材料来进行设计，如常用金、银、铜、铁、宝石、珍珠、贝壳、珠片或塑料等。

服装的材料形式多样，风格各异，从材料肌理的变化对比入手，是加强服装审美情趣设计的重要途径。不同的面料会呈现出不同的肌理效果，除面料本身的肌理以外，通过缉缝、抽纱、雕绣、镂空、揉搓、压印等装饰手法对面料进行再创造，还可能产生更为丰富的肌理效果。

日本服装设计师三宅一生从褶皱面料入手，推出系列时装，从而跻身于巴黎时装舞台，他的设计充分发挥了褶皱面料本身所具有的表现力。

使用一些特殊的材质是服装创意设计的重要手段，一种新的材质可能就是设计成功的关键。特别是在一些国内外创意性服装设计比赛中，一定要在材料选择上下工夫。这个静态展示的作品反映了设计师在材料使用上的独到之处，纺织面料与一些可塑性较强的材料相结合，点、线、面有节奏的布局，色彩的统一都是这件作品的特色所在（图 5-28）。

图5-28　从材料出发的设计

面料的二次设计也是原创服装设计中非常重要的环节。这里重点来介绍几种面料再造的设计手法。

1. 面料的立体型设计

改变面料的表面肌理形态，使其形成浮雕和立体感，有强烈的触摸感觉。如皱褶、褶裥、抽缩、凹凸、堆积。现代服装设计中立体设计有的用于整块面料，有的用于局部，与其他平整面料形成对比。无论哪种应用，都能使服装艺术效果达到意想不到的境地（图 5-29）。

图5-29　面料的立体型设计

2. 面料的增型设计

在现有的面料素材上通过贴、缝、挂、吊、绣、黏合、热压等方法，添加相同或不同素材的材料，形成立体的具有特殊新鲜感与美感的设计效果。如珠片、羽毛、花边、贴花、刺绣、明线、透叠等（图 5-30）。

图5-30 面料的增型设计 设计：郑勤 指导教师：叶菀茵

3. 面料的减型设计

破坏成品或半成品面料的表面，使其具有不完整、无规律或残破感等特征。如抽丝、镂空、烧花、烂花、撕、剪切、磨洗等（图 5-31）。

4. 面料的钩编织设计

用不同的纤维制成的线、绳、带、花边，通过编织、钩织或编结等各种手法，形成疏密、宽窄、连续、平滑、凹凸、组合等变化，直接获得一种肌理对比的美感（图 5-32）。

图5-31 面料的减型设计

（五）从装饰、纹样出发

设计师常会被服装上的装饰元素、图案纹样等一些有趣的东西所吸引，产生设计灵感。从装饰、纹样入手的设计，常常用于时装的设计，尤其是一些较有特色的服装（图 5-33）。

装饰细节的创意也是创意设计中很关键的一个要素，装饰工艺主要有：

（1）镶、绲、填充、编织等工艺手法（图 5-34 ~ 图 5-36）；

（2）丝网印；

图5-32 面料的钩编织设计与应用
设计：沈炎
指导教师：倪一忠

图5-33 以手套为装饰的原创服装设计

图5-34 肩部有装饰的原创服装设计

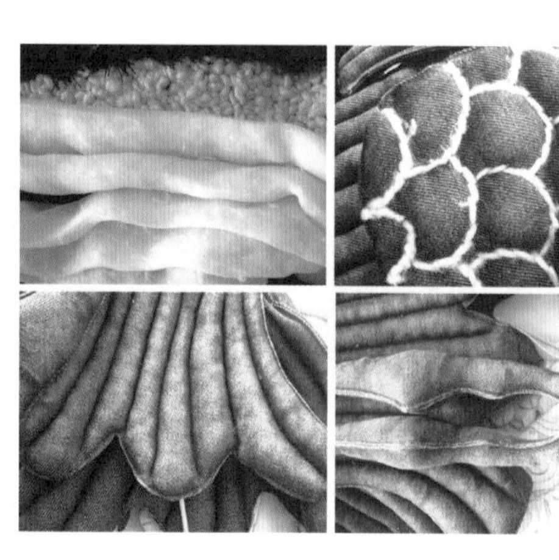

图5-35 填充装饰

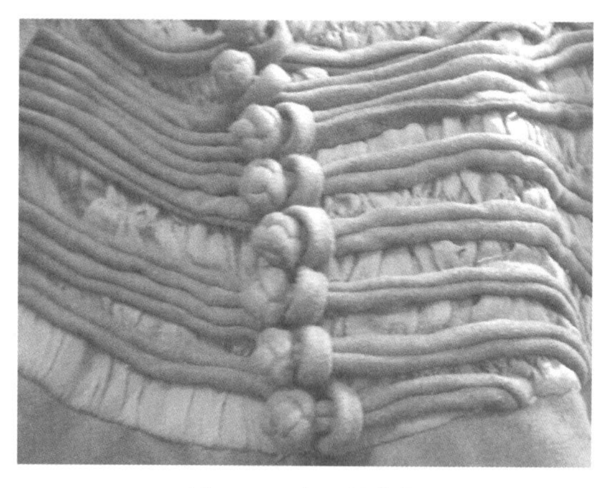

图5-36 盘纽的装饰

（3）手绘；

（4）花边、褶裥、缉线、蝴蝶结、荷叶边以及条格镶拼；

（5）刺绣：包括贴绣、白绣、彩绣、十字绣等（图5-37、图5-38）；

（6）纽扣、珠子、人造花、胸针等（图5-39、图5-40）；

（7）结构分割。

在款式原型的基础上，将其作不同部位、不同形状的分割，形成与众不同的个性。强调结构分割的方法有以下几种：

（1）绲边（异色、不同材质、可加

图5-37 刺绣装饰和珠绣装饰

图5-38　编结装饰

图5-39　纽扣、挂件装饰

图5-40　立体花、立体褶装饰

棉绳）、镶边，形成明显的分割线；

（2）缉明线（双线、三线、多线，同色、明度差、灰度差、色相差）；

（3）密拷边（同色、明度差、灰度差、色相差）；

（4）钉珍珠或花边。

（六）从造型出发

创意服装的造型也和其他服装的造型一样，都主要反映在廓型和形状的变化上，而廓型和形状的变化又随着人的基本形的变化而变化。虽然创意服装的造型是不断地处在变化中的，但是从几何形态的构成上看，其造型可以概括为以下几种：球型、钟型、圆锥型、陶瓶型、漏斗型、金字塔型、螺旋型（图 5–41、图 5–42）。

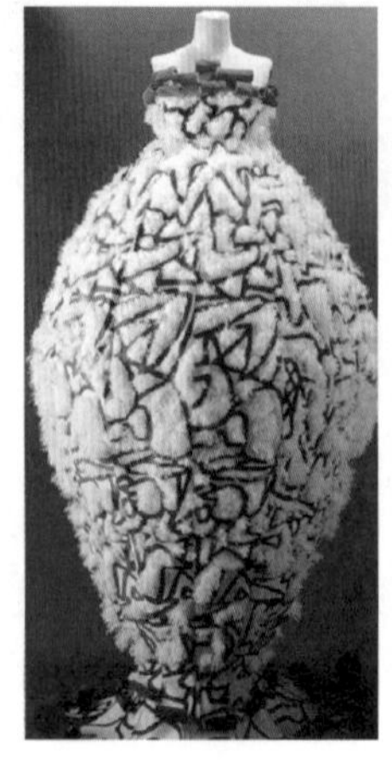

图5–41　三宅一生从造型出发的设计

图5–42　加里亚诺大胆夸张的造型设计

现在很多设计师是从服装的外轮廓造型入手进入设计的，这是一种从整体出发，再到细节局部的设计思路，它的特点是整体感强。设计师迪奥就是一个以服装造型为切入点展开设计的高手。“第二次世界大战”以后，他接连推出的花冠型、垂直线型、斜线型、椭圆型、曲线型、郁金香型、箭型、自由型、纺锤型、“H”型、“A”型、“Y”型等服装廓型，使这些设计其举世闻名。

1. **整体的造型**

（1）利用面料本身完成的造型：要完成这种造型，先要对效果图进行分析，看最后的效果是富有体积感的、蓬松的外观，还是线条流畅自然的造型。针对外形要选择合适的面料，如根据面料的软硬、厚薄、光泽等选择（图 5–43）。

图5–43　面料的塑型设计

（2）利用其他支撑物来完成的造型：利用支撑架构成向外扩张的大摆裙，常运用于晚礼服和婚礼服的造型制作。由于支撑架的形状和大小的不同，使服装的造型变化丰富。为便于实现某些服装的奇特的造型，特殊造型的支撑架常采用柔韧性较好的薄铁片、鱼骨衬等定制而成（图 5–44）。

2. **局部的造型**

可以利用面料或一些替用材料来完成。把这些面料或替用材料经过加工处理后形成不同的形态和肌理，使之作用于人的视觉形成特殊的视觉效果（图 5–45）。

图5-44 利用面料支撑物塑型设计

图5-45 面料局部造型设计

（七）从色彩表现出发

从色彩表现出发，强调色彩的效果，与此同时其他要素就要削弱。款式方面就要注重大的方面，而小的细节及局部的造型可以相对淡化。色彩的效果往往是最容易感动人的视觉效果（图 5-46）。

图5-46 设计大师加里亚诺在款式设计中的大胆用色

灵感来源的获取、构思的方法和设计的角度都是从思维的角度引导学生展开原创服装设计的，侧重的是纯思维的构想，在构思过程中一般都带有设计者自己对服装的理解，这样设计出来的款式或许能真正体现原创感，但往往会造成“闭门造车”的现象，也就是说这样设计出来的服装会与时尚、流行脱节。因此，在原创服装设计的时候不仅要指导学生追求“独一无二”的构思，又不能与当今的流行与时尚脱节。要解决这个问题，个人认为指导教师有必要让学生进行流行款式的收集。

四、收集流行款式

对于流行款式的收集途径有很多，前面也介绍过关于信息资料收集的途径，这里主要归纳一下款式收集的方法。

（1）通过杂志收集发布的最新的流行咨询，如国内外报刊等，基本上以高级时装发布会的图片为主。

（2）通过网络收集发布的每年的服装视频和图片，它的内容其实与杂志上发布的一样，但由于网络的普及，网上的信息更快、更多，且费用低廉，适合学生收集（图5-47、图5-48）。

图5-47　通过WGSN网站收集到的面料信息

图5-48　通过WGSN网站收集到的设计开发资讯

（3）通过市场调研收集流行款式，这是非常有必要的，因为通过市场调研可以从视觉和触觉上同时感受到流行面料、色彩和装饰工艺手法等（图5-49、图5-50）。

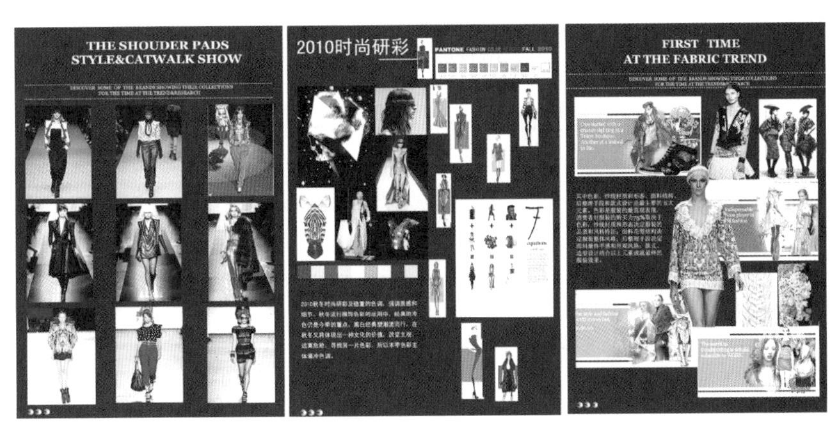

图5-49　郭丽波等同学通过网络资源收集到的资料　指导教师：黄美华

图5-50　通过展览会收集、整理合成的潮流资讯

（4）通过绘制平面图或效果图线描的形式收集流行款式。

在款式收集时也不要漫无目的，构思时应该有一个初步的方向，比如，要设计的款式在廓型上比较大的，那么在款式收集的时候就以这类服装为目标，收集后还要进行分析比较，找出自己认为适合表现构思的款式或和指导教师进行沟通，共同商定比较理想的款式作为备用款式。

根据主题有了初步的构思和进行款式收集后，就可以进行草图设计了。

五、设计草图

设计草图主要用来表现款式的初步构想，具有迅速表现款式的特点，画的时候不受任何约束，想到什么样的设计点就把它表现出来，并用文字表述设计点、面料、色彩等，是表现设计构思的反映，设计草图出来后根据主题进行不断地调整和修改，为款式的确定做好准备（图 5-51~ 图 5-53）。

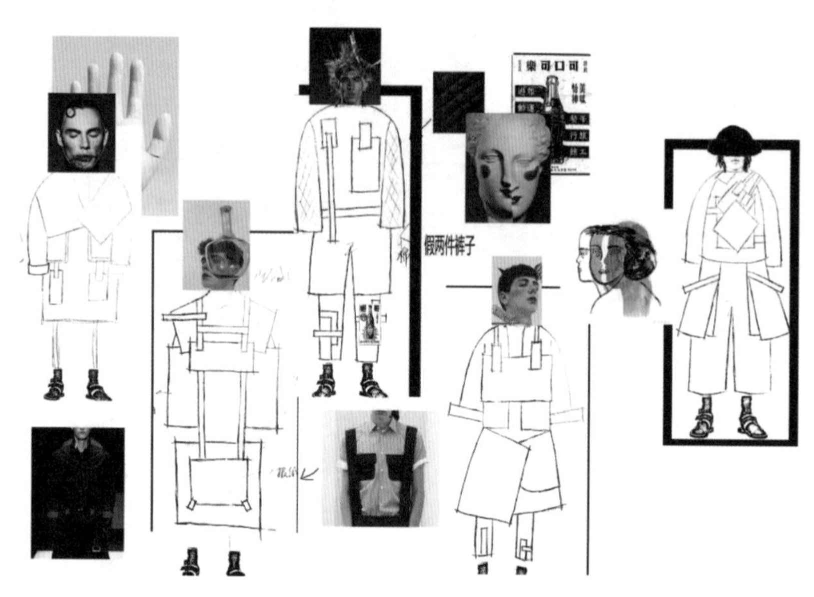

图5-51　设计草图1　设计：吴苑苑　指导教师：曹琼

图5-52　设计草图2　设计：陈杰克　指导教师：杨素瑞

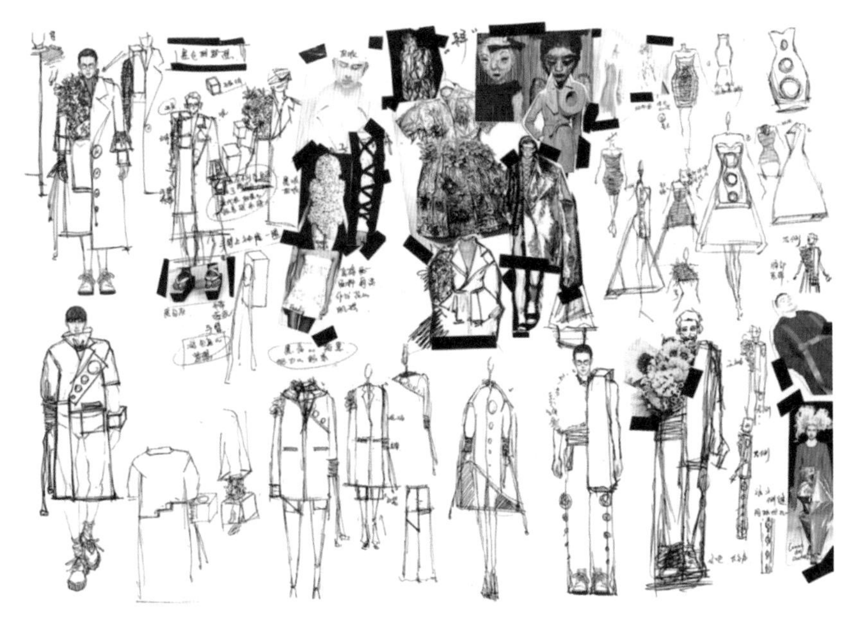

图5-53　设计草图3　设计：陈婷婷　指导教师：卢亦军

设计草图的表现一般采用铅笔、针管笔，以迅速记录设计构思为主要目的，但现在的服装设计中，很多信息、图片资料来源于网络，因此，使用 CorelDRAW 和 Photoshop 等设计软件记录并设计草图越来越受欢迎（图 5-54）。

图5-54　使用电脑软件绘制的草图　设计：牟政寰　指导教师：姚其红

第三节　设计实施

对大量的设计草图进行整理并深入分析，选出3~6套的服装作为一个系列，逐步完成设计实施的过程。这里所指的设计实施也就是服装从款式的确定、造型与坯样、材料选择与二次设计以及成衣制作完成等一系列的设计过程（图5-55）。

一、确定款式

学生在设计草图阶段，指导教师要多与学生沟通、讨论，从学生的草图中捕捉到能表现主题和设计构思的元素或款式，并引导学生做好款式的延伸设计。对于一系列原创服装而言，设计元素的提炼是创作的核心，是款式设计的突破点，没有设计元素的款式将失去灵魂。因此，学生要多画出一些草图，并从中获得有价值的设计元素。

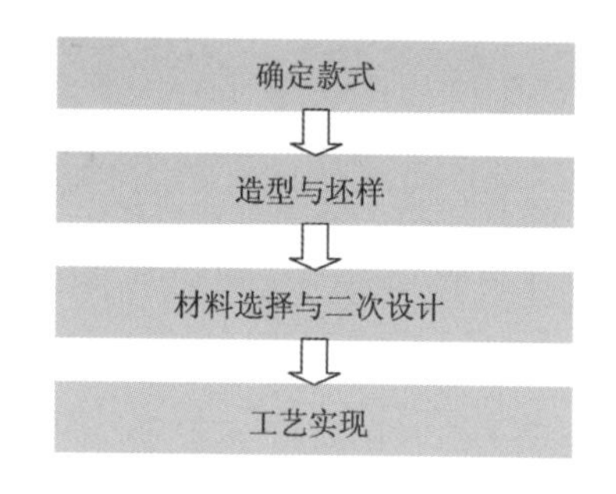

图5-55　设计实施的流程

那么，如何从众多的设计草图中去确定款式呢？先要考虑服装的系列感，系列感是指一组服装由多个风格相同的单套服装共同构成的，是一组既有共同统一的要素，又富有鲜明个性特征的成组、配套的服装群体。共性是存在于一个系列的各个单套服装上的共有元素和形态的相似性，是系列感形成的重要因素。系列时装共性的形成，最关键的是作品共有的内在精神，包括共有的主题思想、统一的情调和艺术风格。在具体的系列服装构成当中，共性的体现往往借助于相同的面料、相同的造型以及相同的装饰、色彩、标志、纹样、工艺手段、表现手法和服饰品等来实现。系列时装虽强调共性，但真正的魅力，往往体现在每一个单套服装的个性特征上，即每套服装的独特性和差异性。个性的形成往往体现在构成单套服装的各个方面，在形态、款式、造型、面料、构成形式等方面都可以出现形状、数量、位置、方向、比例、长短、松紧的不同。但在兼顾共性、保证个性的同时，还要注意单套服装本身形式的完整性和形式美，才能使系列服装尽善尽美。另外，系列服装的数量一般也会作要求。至少应有3套服装，多则不限，3 ~ 5套服装的组合称为小系列，6 ~ 8套服装的组合称为中系列，9套以上的组合称为大系列。系列服装的群体能更多地传达设计信息，且有强烈的视觉冲击力和震撼人心的视觉效果。如图5-56~图5-58所示，浙江纺织服装职业技术学院与宁波INTREX公司合作的中英协同项目：英伦复古风格的男装产品开发。设计者郑勤同学在设计过程中，完成了从资料收集—草图—款式确定—系列拓展—款式详解的整个程序，设计思路非常清晰。这组服装设计完成后参加了第十七届宁波国际服装节INTREX公司中英协同项目专场服装秀。

款式参考

款式细节

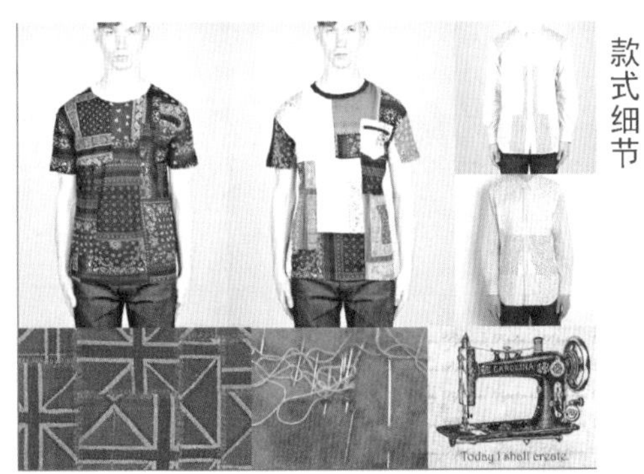

款式细节

面料版

图5-56 资料收集——灵感来源 设计：郑勤 指导教师：侯凤仙

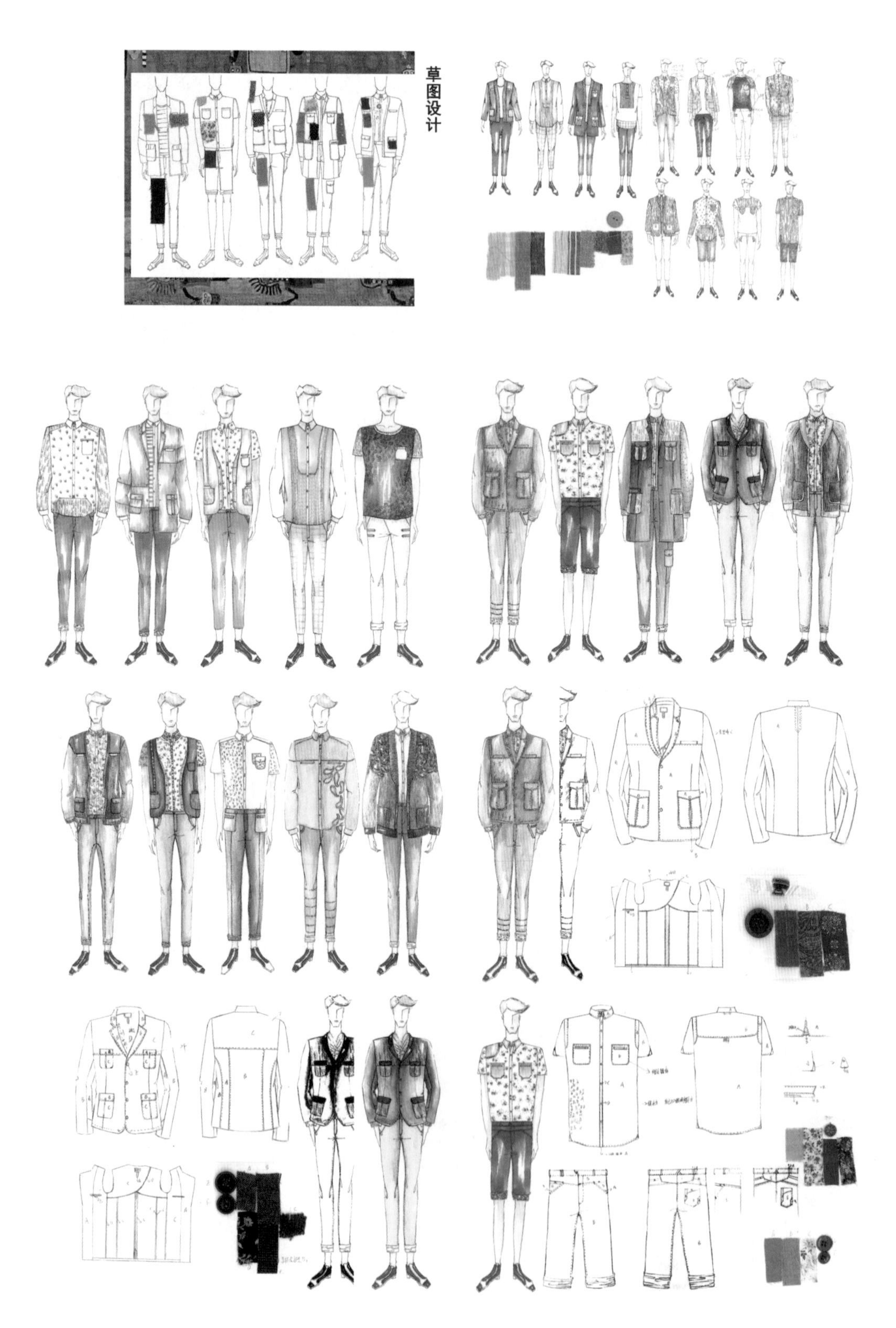

图5-57　草图、款式的确定与拓展　设计：郑勤　指导教师：侯凤仙

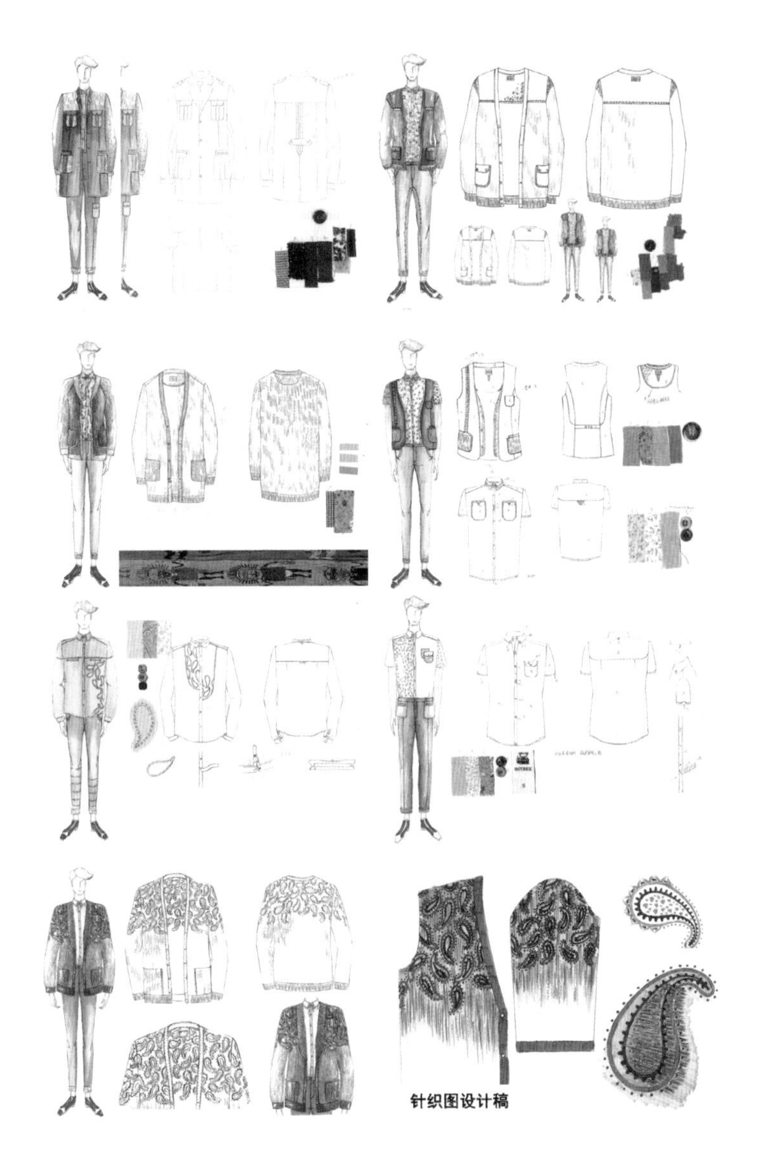

图5-58　款式设计详解　设计：郑勤　指导教师：侯凤仙

同一色彩是最易产生共性要素的，如颜色的明暗程度一致或颜色的色相一致，但这样也容易使人感觉单调，因此常通过变化其他元素来取得视觉的和谐。以款式结构、材质、装饰等的变化来突出每款服装的个性要素，其中主要是材质变化或服装结构线变化等手法的运用（图 5-59）。

近似色是指色环上位置相邻的颜色，它们是色彩混合的基础，也是色彩弱对比的设计素材。从色彩配置效果来说，近似色彩的配置要比相同色彩组合的方式富于变化。如红色和紫红色、黄色和黄绿色都是近似色。在系列服装设计中，要突出色相中那些或偏暖、或偏冷、或偏明、或偏暗的色彩组合。配色可以使用色环上位置间隔两两相等的三种颜色混合而成的复色，以表现近似色彩组合中纯度的变化或突出近似色彩的组合效果，其他元素

图5-59　运用服装结构变化手法的设计
设计：蔡景　指导教师：徐逸

可略作变化（图 5-60）。

渐变色彩系列的设计：色彩配置可从明度渐变，如深蓝至浅蓝有多个明度的色阶、纯度的渐变，如蓝绿至灰绿有多个纯度色阶、色环中相隔 90° 两个色相渐变，红至黄或绿至蓝有多个色相或是色环上处于 180° 相对位置的两种颜色渐变，如橘红至蓝、黄至紫是互补色渐变，这类配色效果有节奏和韵律的美感。当材质相同、色彩也相近时，可变化元素为轮廓造型、结构线、服饰品以及饰物搭配部位，也可以用强调面料材质与肌理质感的对比进行各种组合变化，以突出系列装的个性要素（图 5-61）。

图5-60　运用近似色的设计
设计：叶薇薇　指导教师：姚其红

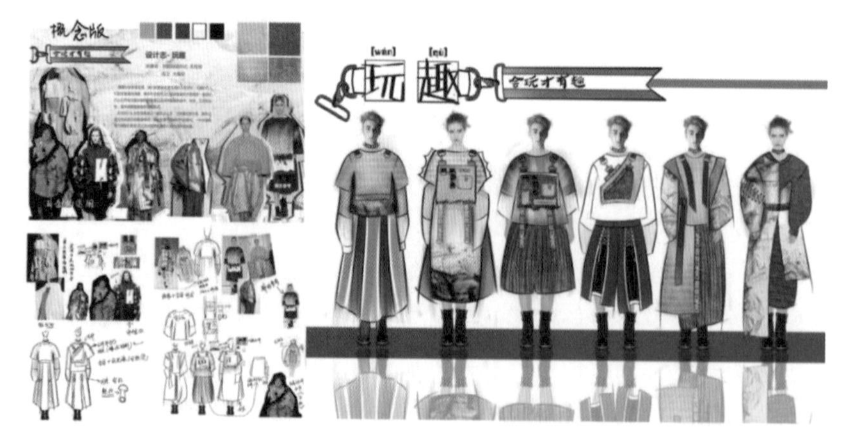

图5-61　概念版—草图—设计图　设计：陈城丹　指导教师：姚其红

黑色、白色和灰色都是中性色，具有稳定和缓冲的作用。而且黑色和白色最“平易近人”，既可以与任何彩色相搭配，还可调节色彩的明度和色彩之间的关系。因此，也是系列设计的配色中是最“安全”的一种配色方法（图 5-62）。

图5-62　概念版—草图—设计图　设计：周燕飞　指导教师：姚其红

以上内容完成后，指导教师可以组织一次学生与教师互动的审稿、定稿课。指导教师让每个学生把草图平铺在一起，先让设计的同学根据主题和构思进行设计阐述，然后通过教师评学生、学生互评的方式来审稿，并提出合理的修改建议，学生收到修改建议后再对草图进行修改和完善，并画好效果图，最终定稿（图 5-63 ~ 图 5-67）。

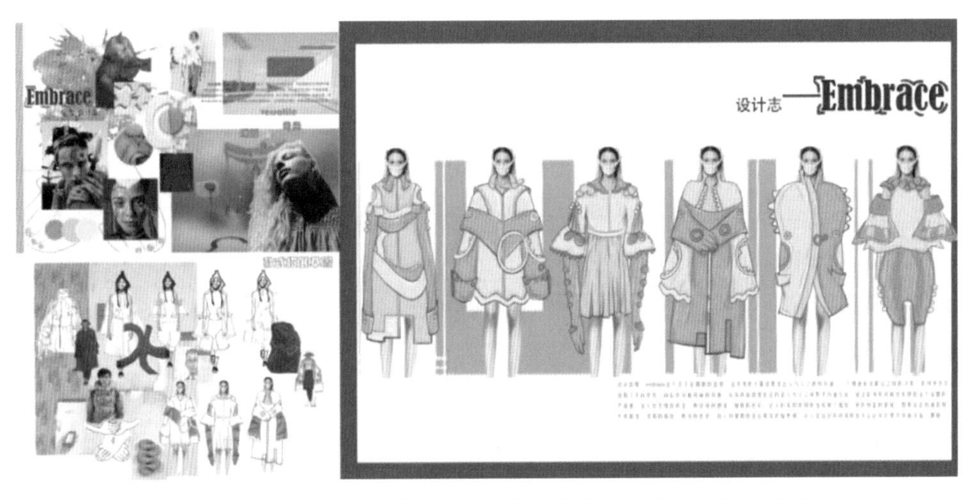

图5-63　概念版—草图—设计图　设计：牟政寰　指导教师：姚其红

图5-64 学生设计作品 设计：杨欢 指导教师：胡贞华

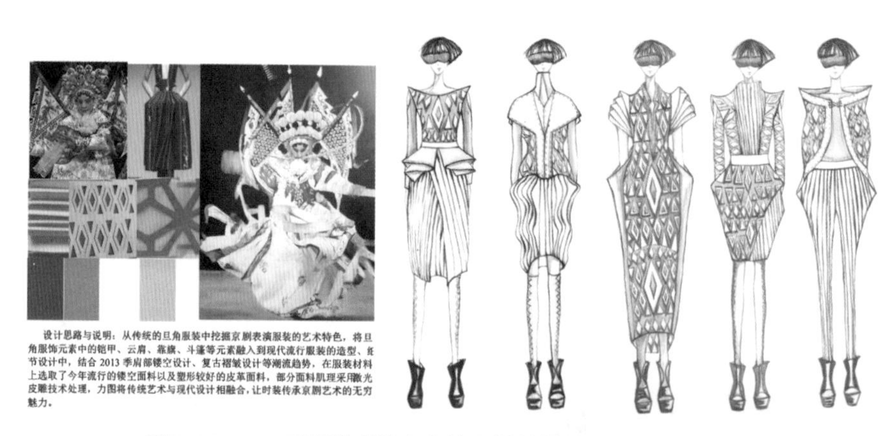

设计思路与说明：从传统的旦角服装中挖掘京剧表演服装的艺术特色，将旦角服饰元素中的铠甲、云肩、靠旗、斗篷等元素融入到现代流行服装的造型、细节设计中，结合2013季肩部镂空设计、复古褶皱设计等潮流趋势，在服装材料上选取了今年流行的镂空面料以及塑形较好的皮革面料，部分面料肌理采用激光皮雕技术处理，力图将传统艺术与现代设计相融合，让时装传承京剧艺术的无穷魅力。

图5-65 2014届服装设计专业毕业设计效果图 设计：于虹

图5-66 造型与坯样、小样的实现

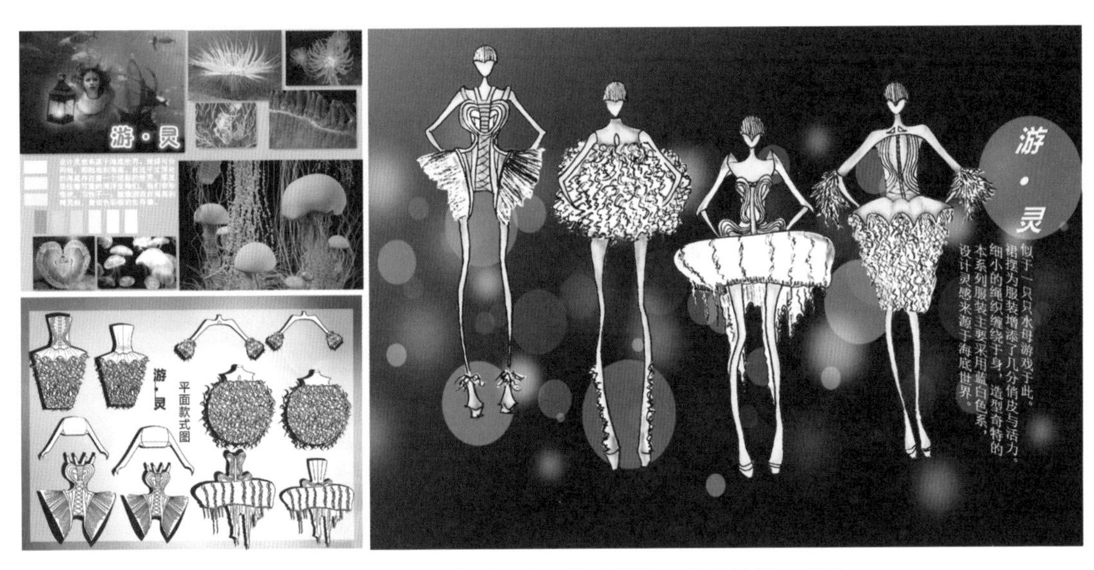

图5-67　2014届服装设计专业毕业设计　指导教师：李玲

效果图的形式表达出来了，接下来就要找到相应的表现形式来实现服装的款式造型。一般来说，完善创意实现好的造型可以通过平面打板和立体裁剪来完成。但由于原创服装设计的目的是追求一种新的服装形式出现，常以“新”的款式造型、“新”的材料和“新”色彩来传递出服装设计的新潮流、新时尚、新审美等。正是由于它的新颖性，在款式造型等方面存在着不确定的因素，如果再单单依靠平面打板来完成，局限性就会太大。立体裁剪由于其整个过程都是借助人体模型来完成，具有直观效果好、能够解决平面裁剪中难以解决的造型问题、易于树立造型观念等优点，是完成创意服装设计表现的最佳方法。

二、造型与坯样

（一）造型

服装造型主要有外轮廓的造型和内部细节的造型。在做坯样造型的时候，一定要先对服装的外轮廓进行很好的把握，细部的造型很丰富，但要与外轮廓造型相互补充、一致，如通过抽褶、扎缝及填充物使平面的面料形成立体的造型，也可以通过手绘、刺绣、镶嵌绲边、烫珠等工艺完善造型设计（图 5-68~ 图 5-72）。

（二）坯样的实现

坯样造型是在不考虑面料、色彩等设计要素的情况下，单纯从造型角度进行设计的方法。服装造型是以人体为基型的，一般先用白坯布在人台上进行制作。它是样衣实现的前奏，能直观地看到造型效果，在这一过程中，不仅可以弥补设计效果图时没有预计到的效果，还能通过增加或减去元素或改变造型的方法进行二次设计，以达到更理想的创意效果（图 5-73~ 图 5-75）。

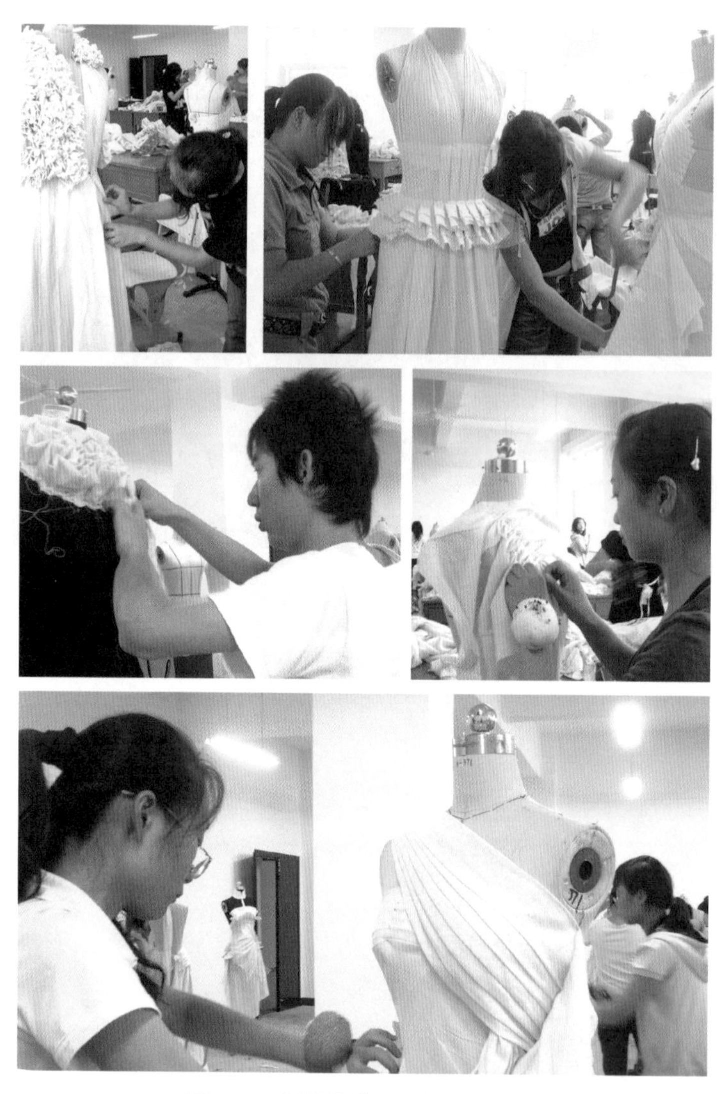

图5-68　根据设计图进行坯样造型

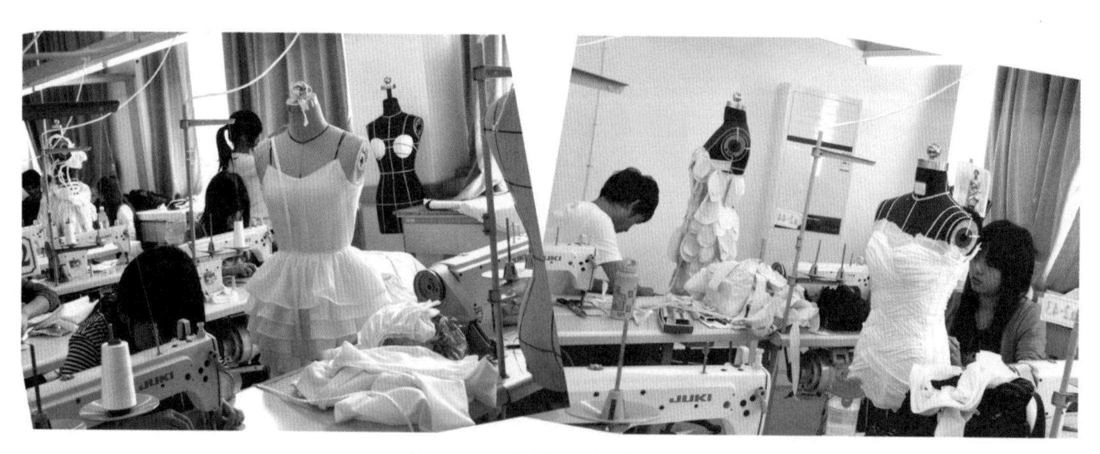

图5-69　造型与坯样实现1

图5-70　造型与坯样实现2

图5-71　造型与坯样实现3

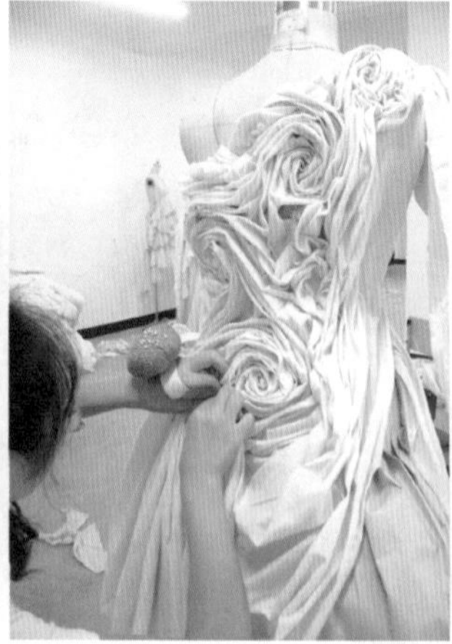

图5-72　通过手绘、刺绣、镶嵌绲边、烫珠等工艺完善造型设计

图5-73　坯样的实现1

图5-74　坯样的实现2

图5–75　坯样实现与成衣　作者：陈钐钐　指导教师：姚其红

三、材料选择与二次设计

服装造型完成后就可以进行面料选择了，面料的选择可以在效果图完成后进行，但是考虑到材料量能够计算的更精确，避免浪费，也考虑到造型过程中会因为实际的一些情况做一些修改，可能会增加也可能会删除一些元素，所以，在指导毕业设计过程中建议学生们先造型再选择材料。

在指导材料选择的过程中，要注重材料的重组。所谓材料的重组，总结起来可大致分为硬软、厚薄、平凸、繁简、滑涩、亮暗等搭配类型。如毛皮与金属，皮革与薄纱，镂空与实料，透明与重叠，闪光与亚光等组合方式的运用（图 5–76 ~ 图 5–79）。

图5–76　运用缝、钉珠、编织手法在面料上的二次设计　设计：邵婷婷　指导教师：卢亦军

图5-77　运用立体花装饰的手法在面料上进行二次设计　设计：陈婷婷　指导教师：卢亦军

图5-78　流苏、拼贴、钉珠手法在面料上的二次设计　设计：汪佩珊　指导教师：徐颖芳

图5-79　主题《破小孩》　设计：邵力伦　指导教师：徐颖芳

随着人们对服装逐步强烈的个性化、时尚化需求，尤其是在原创服装设计中为求得设计的独一无二或突破，对面料已经不再是一般的组合搭配了，而是很大程度上依赖服装材料的二次设计（上一节已经介绍了一些面料再造的二次设计方法）。而且对于学生来说，面对的基本都是普通面料，要想使自己的设计与众不同，对面料实施二次设计就更为重要，特别是对难以寻觅到理想的面料，经济实力达不到购买进口面料，对材料的二次加工是可谓是一条捷径（图 5–80 ~ 图 5–84）。

图5–80　利用面料叠加和色彩的对比进行面料二次设计
指导教师：汪佩若

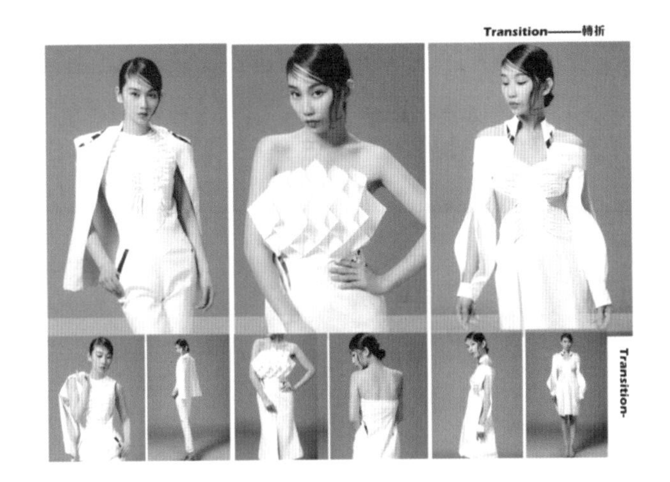

图5–81　结合折纸方法在面料上的二次设计　设计：岑柯吉　指导教师：胡贞华、卓静

图5–82　传统蓝染面料再造设计　设计：陈晓皖　指导教师：江群慧、陆银霞、陶聪聪

图5-83　刺绣、亚克力、珠子结合在面料上的二次设计

图5-84　铁锈染面料再造设计　设计：王英　指导教师：江群慧、陆银霞、陶聪聪

四、工艺实现

工艺实现是服装设计变实现为成衣的关键环节之一。作为创意设计的服装，在完成白坯布造型和确定面料后，就要进行工艺制作了。工艺水平及效果的好坏直接影响着服装的外观，因此，在制作的时候应该严格按照工艺的标准和要求来做。因为相对来说，创意服装的设计在工艺上要比成衣的制作要复杂，一般的成衣制作都会有基本的流程，而创意服装力求款式的创新设计，使得款式制作没有一个基本的框架，有些创意服装的材料还不能选用一般的面料进行制作。因此，在制作前对制作流程要进行一番设计，各个环节要尽量考虑周全，并安排先后次序。比如说，某个细节该用什么工艺方法去做？这个细节先做还是那个细节先做？如果没有事先设计、安排好，就会造成拆了做、做了拆的现象，使时间和材料都浪费了；另外，在制作过程中还是要遵循一般成衣制作的规则，比如，边做边在模特身上试样，及时发现问题，及时修正；做完后再进行整体的试样，不足之处查找原因并修改好，一般不足之处除了工艺制作的好坏与否，还包括在制作过程中出现的造型上与白坯布造型时的偏差；当然，好的地方也要总结，可以为下一款服装制作提供经验（图 5-85~ 图 5-87）。

图5-85　《拥簇的青春》　设计：施昌慧　指导教师：姚其红

图5-86　从构思到草图到工艺的实现　设计：李凤仙　指导教师：姚其红

图5-87　从设计到工艺的实现　设计：陈靖、何如意　指导教师：姚其红

第四节　设计实现

一、设计的实现

实用服装设计一节的设计实现中提到过，成衣的制作完成并非是设计的完成，而是再次设计的开始，它将服装从静态的成衣效果设计成动态的着装效果。在创意服装设计里面，成衣的制作完成同样是再次设计的开始，通过对头饰、配饰、化妆等的补充和完善，进一步体现完美的设计效果（图 5-88、图 5-89）。

图5-88　汉帛奖获奖作品中的服饰配套

图5-89　各类服装设计大赛优秀作品都非常注重服饰配套

陈杰克的《沉默的未知》系列设计，展现了从最初的效果图—款式图—结构制图—成衣制作—系列服装服饰配套的整个过程。

《沉默的未知》设计理念：在我的脑海里这个世界有许多怪力乱神的事情出现，有一些并不是用科学认知可以解释的。我一直在想地球人与所谓外星人之间到底有什么联系？外星人真的会入侵地球吗？那些所谓的外星人会不会是我们地球遗失的派遣探索月球、火星等宇宙未知星球的宇航员，而人类口中的UFO，也只是他们的座驾而已。或许是，所谓的外星人就是那些在宇宙中牺牲的地球宇航人员，可能是在他们返航回地球的路上由于没有燃油了，他们再也无法返回地球。而地球上的科学家认为他们无法返回地球后就在宇宙中被分解了，而恰恰预料不到的是，宇宙的神秘力量让这些宇航员不仅活了下来，还获取了许多宇宙的神秘力量，这些神秘的力量让他们可以自由翱翔在太空和拥有无限的能量，并让他们成了默默守护地球的保护者，同时神秘力量的副作用也让他们失去了记忆，直到有一天他们突然恢复了记忆，他们开始思念自己的家乡和亲人，终于引发了他们的回家之路……或许这就是UFO和外星人频频出现在地球的不解之谜吧！如图5-90所示。

图5-90　主题：《沉默的未知》最初的效果图和款式图　设计：陈杰克　指导教师：杨素瑞

由于此系列是对科学未知的外星人和UFO的畅想，因此这一系列款式会选取大廓型的设计，并以钢丝固定和打造整体造型，体现符合主题的太空舱造型。面料采用哑光的羽绒面料、PU皮以及复合漆皮绒面料，配以哑光的珠子装饰打造科技感和前卫感的视觉效果。裤子面料会使用一些带有粗糙肌理的面料。色彩以白色和银色为主，工艺装饰手法采用绗缝、捆绑、抽带、贴袋等。如图5-91所示。

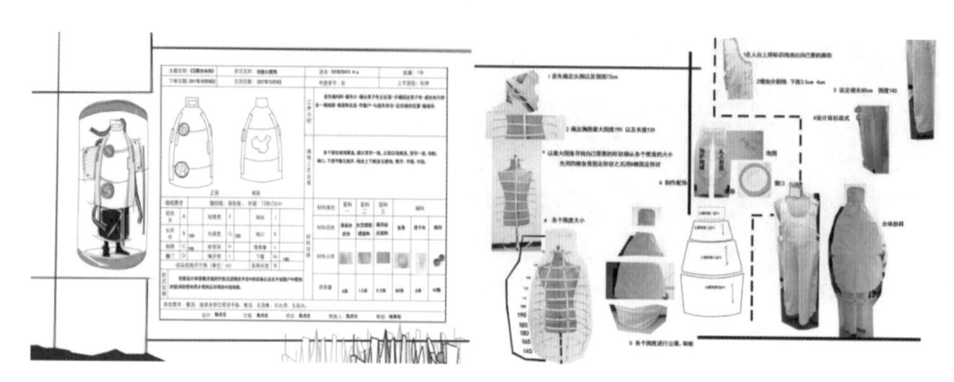

图5-91 《沉默的未知》的工艺单—立裁步骤 设计：陈杰克 指导教师：杨素瑞

科技的进步，让我们对未来充满无限遐想。科技创新在服装设计、生产中也发挥了很好的作用。为敏锐的服装设计师们提供了丰富的灵感来源。以太空、宇航为主题的极简主义设计风格——“未来主义”，应运而生。《沉默的未知》系列设计者正是对于科技未知的外星人和UFO遐想而引发的这次设计。大到太空舱的服装廓型，小到模拟的服装功能按键，都赋予服装意想不到的精妙轮廓。银色元素的运用，如银色的PVC、涂层面料，让科技未来感爆棚，给人冷酷性感的气场，摩登前卫感十足。为时尚界刮起的未来感风潮又添上了一笔，如图5-92所示。

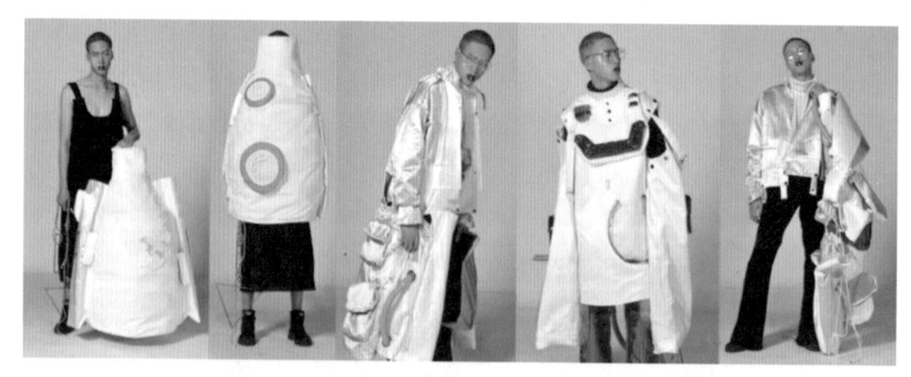

图5-92 《沉默的未知》成衣展现 设计：陈杰克 指导教师：杨素瑞

造型也要讲究协调和统一。如果服饰品的造型与服装的造型具有共同的形态特征，搭配在一起才会产生一体感。如服装造型是方型和直线，那么，服饰品也应选择具有直线特征的造型；如果服装造型是圆形和曲线，服饰品也离不开曲线状的造型，如李玲设计的系列作品在男装款式造型中大量运用了曲线造型，来突出设计主题《我本脂粉》（图5-93、图5-94）。

除此之外，在设计实现过程中还可以收集大量的服饰图片信息进行整理，选择适合的设计意图进行搭配。以下是不同风格妆容、发型、指甲油色，以及鞋、包、项链等饰品，在与服装搭配中要求色彩、风格、造型上的统一（图 5-95~ 图 5-101）。

图5-93　《我本脂粉》款式细节　设计：李玲

图5-94　《我本脂粉》系列造型　设计：李玲

图5-95　各类头饰配饰

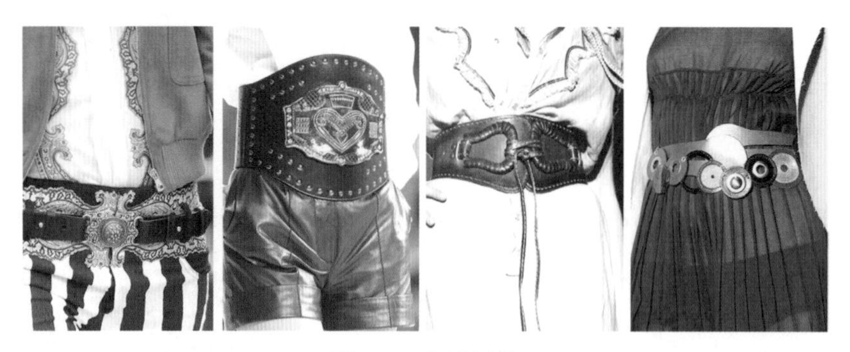

图5-96　各类腰带

图5-97　各类时尚包

图5-98　时尚紫粉色系列的妆容、配饰

图5-99　各类妆容、指甲色

图5-100　各类配饰

图5-101　各类时尚鞋

最后，毕业设计课程的设计实现还要通过文本的形式来完成书面的设计报告，通过文本的制作对上一阶段的学习进行梳理、回顾和总结。为下一步进入社会打下扎实的理论基础和专业基础。

二、创意类服装毕业设计文本案例

以创意的时装设计为主线的毕业设计文本制作主要包括以下内容：

（1）彩色设计效果图3~5套：表现材质、形式不限，要求人物动态优美，画面整洁，比例匀称，款式有创意，设计说明200字以上；

（2）款式图3~5套：画出每一个款式的正、反面款式图；结构表达正确，比例准确；每款服装标上款号。服装款号按学生自己的学号进行编排（如：某学生学号0402311211，A套a款服装编号即为0402311211A–a）；

（3）立裁步骤图和结构图：选其中一套作1∶5制图，标注规格尺寸，符合制图标准（若采用立体裁剪则把主要立裁制作步骤拍照），并附规格尺寸表；

（4）生产工艺单：选一套创意装，写出生产流程及缝制工艺要求并配局部细化图解说明；

（5）成本核算表：选一套创意装，写出其成本核算，包括面辅料和加工成本等；

（6）成衣照片：反映设计制作过程和最终成衣效果的照片若干；

（7）设计报告：字数不少于2000字，要求概念清楚、内容正确、条理分明、语句通顺、逻辑严密、叙述清楚；

（8）结构图、生产工艺单、成本核算表均对应同一款服装；

（9）毕业设计文本的格式、纸张、绘制、数据及各种标准资料的运用和引用都要符合规定，毕业设计文本必须统一用A3规格纸张打印；

（10）文本中不能有涂改痕迹，文本涉及文字和表格，均需打印，不得手写；文本卡纸颜色、肌理不限，文本整洁、大方。

案例

时装原创设计为主线的毕业设计文本案例　设计：姚灵雪　指导教师：姚其红

设计文本案例如图5–102、图5–103所示。

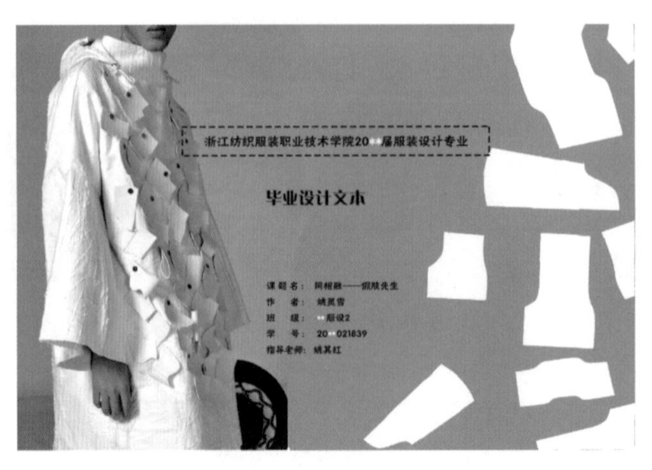

图5–102　设计文本封面

目 录

图5-103　设计文本目录

(一) 概念版

灵感来源：世上有这样一类人，他们身体残疾，但依然勇于追求美。假肢超模对这种美的诠释，更感悟到残缺也是身体上美的一部分，心灵的美比外表更加重要。本次设计将人体假肢等医疗器械进行艺术性的变形改造，利用服装制作出假肢的效果，从而表达残疾人坚韧不拔、身残志坚，勇敢追求美好生活精神的赞颂（图5-104）。

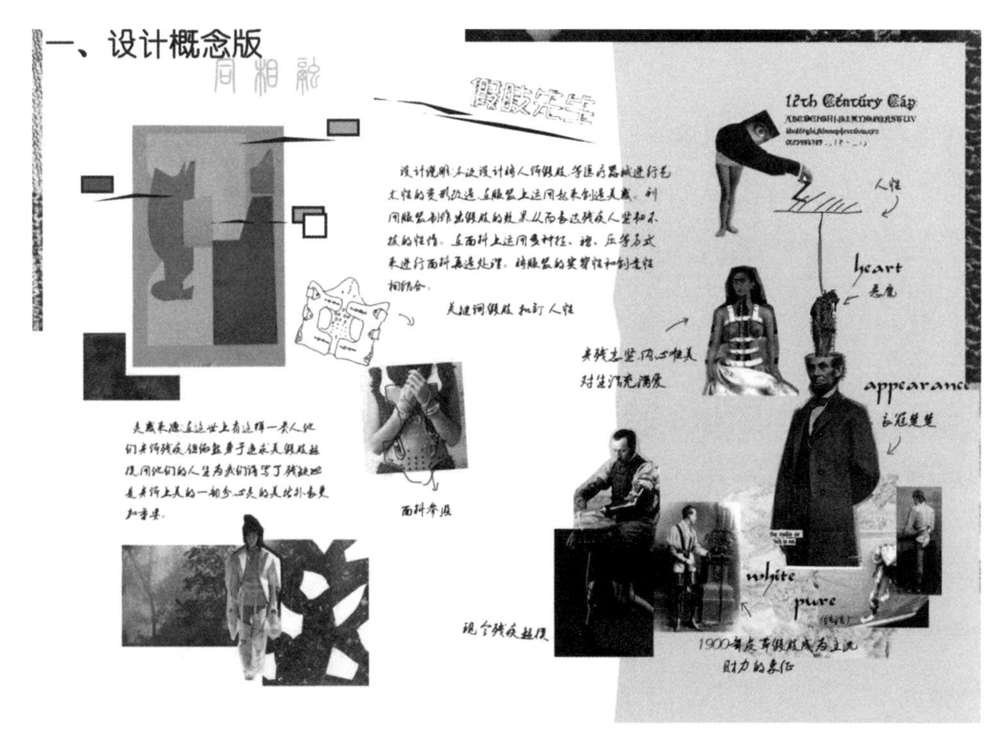

图5-104　设计概念版

（二）设计草图与款式拓展

如图5-105所示。

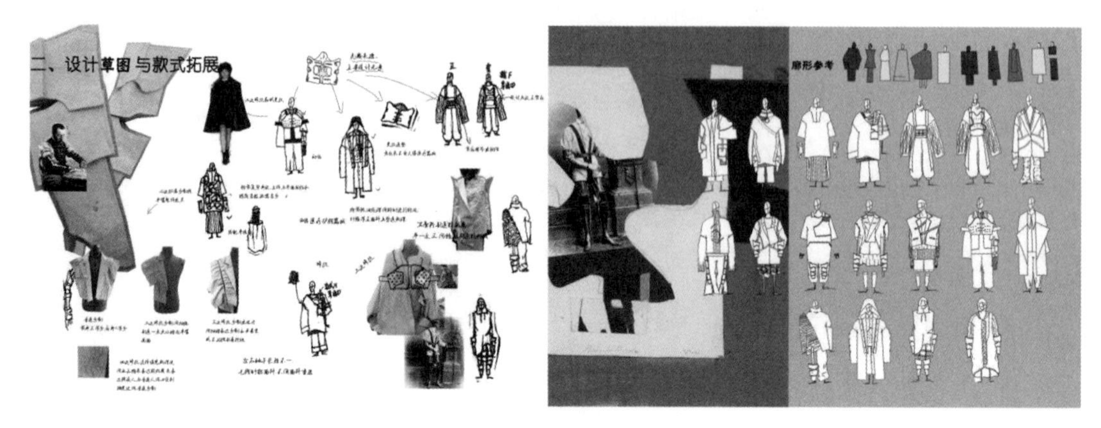

图5-105　设计草图与款式拓展

（三）设计效果图

设计说明：该系列以表现身体残疾人群坚强面对生活的顽强精神为灵感来源。款式设计以假肢器械之间的固定连接为设计元素，服装采用较大而自然的廓型，抽象含蓄地表现了设计的理念。面料选用不同的材质、肌理效果，而且还用“石蜡”进行面料的二次设计，来增加外套面料的视觉和触觉感（图5-106）。

图5-106　设计效果图

（四）平面款式图

如图5-107所示。

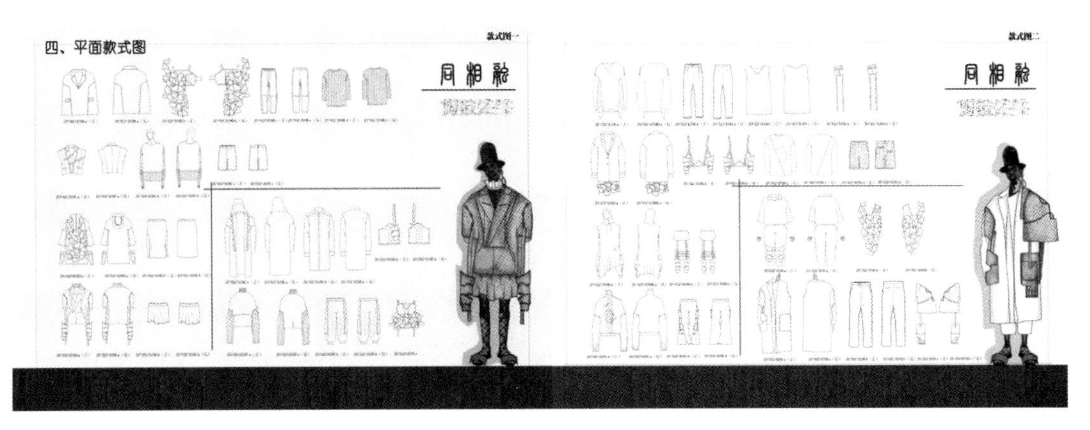

图5-107 平面款式图

（五）1 ：5 结构制图

如图5-108、图5-109所示。

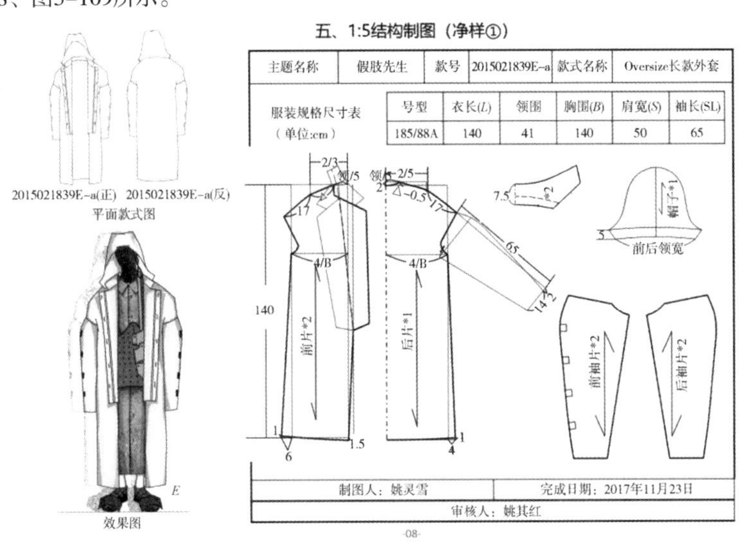

图5-108 1：5结构制图1

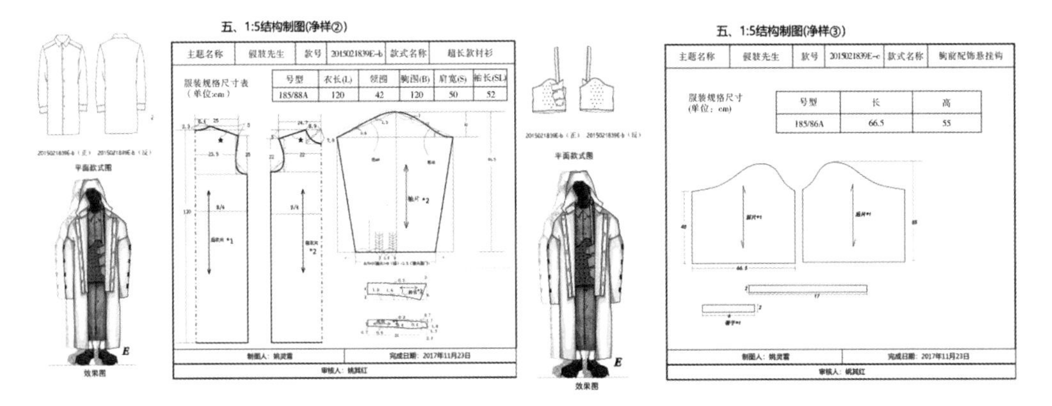

图5-109 1：5结构制图2

（六）生产工艺单

如图5-110、图5-111所示。

六、生产工艺单

主题名称：假肢先生		款式名称：Oversize长款外套			货号：2015021839E-a		数量：1件	
下单日期：		17.11.7			交货日期：		17.1.2	
款式图					规格尺寸表 单位：cm			
					部位名称	代号	尺寸	
					衣长	L	140	
					胸围	B	140	
					肩宽	S	50	
					领围	N	41	
2015021839E-a（正） 2015021839E-a（反）					袖长	SL	65	
款式说明	Oversize超长外套，大落肩，袖子侧边拱起，开门襟	材料说明	材料类别	面料1	面料2	面料3	面料4	辅料1	辅料2
辑线要求	13针/3cm		材料名称	白色肌理面料	平纹纯棉	白色牛仔	双面黏衬	金属长方形四合扣	包胶铁丝
其他要求	外部面料和卡其布复合，加强面料厚度硬度		材料小样						
			使用数量	3M	3M	3M	3M	8个	1.4M
工序说明	照布——还布回缩——数料断料——裁剪——双面黏衬黏合面料——熨烫平整——整理裁片——袖子前后两片拼合——衣身拼合——装领、装帽——领口缴线处理——装里子——装订钉扣——熨烫完整								
缝制工艺说明	服装袖片前后拼接，压双条明线0.1cm 领子缝合处、挂面与衣片缝合处、袖口、下摆缝头均为1cm，各个部位辑线顺直，缝头宽窄一致，正面压线顺直，宽窄一致，领贴、袖口、下摆平服无脱开，线迹上下顺直无跳线，整齐、平服、牢固。								
设计：姚灵雪　打板：姚灵雪　样衣：姚灵雪　制表人：姚灵雪　审核：姚其红									

-11-

图5-110　生产工艺单1

六、生产工艺单

主题名称：假肢先生	款式名称：超长款衬衫		货号：2015021839E-b		数量：1件
下单日期：	17.11.7		交货日期：17.1.2		17.1.2
款式图			规格尺寸表 单位：cm		
			部位名称	代号	尺寸
			衣长	L	120
			胸围	B	120
			肩宽	S	50
			领围	N	42
			袖长	SL	60
款式说明	超长衬衫	材料说明	材料类别	面料1	面料2	辅料2
辑线要求	13针/3cm		材料名称	牛仔面料	毛线团	12mm面扣
其他要求	外部面料和卡其布复合，加强面料厚度硬度		材料小样			
			使用数量	2.5M	5	10
工序说明	照布——还布回缩——数料断料——裁剪——整理裁片——领子、门襟粘衬熨烫——门襟制作——衣身拼合——装袖子——装领——领口压明线——熨烫完整——毛线粘合——熨烫完整					
缝制工艺说明	领子缝合处、衣片缝合处、袖口、下摆缝头均为1cm，各个部位辑线顺直，缝头宽窄一致，正面压线顺直，宽窄一致，领贴、袖口、下摆平服无脱开，线迹上下顺直无跳线，整齐、平服、牢固。					
设计：姚灵雪　打板：姚灵雪　样衣：姚灵雪　制表人：姚灵雪　审核：姚其红						

-12-

六、生产工艺单

主题名称：假肢先生	款式名称：胸前配饰悬挂物		货号：2015021839E-c	数量：1件
下单日期：	17.11.7		交货日期：	17.1.2
款式图			规格尺寸表 单位：cm	
			部位名称	尺寸
			长	125
			宽	50
款式说明	皮质做旧处理悬挂物	材料说明	材料类别	面料1
辑线要求	13针/3cm		材料名称	麂皮绒pu皮革白色羊纹
其他要求	做旧处理改变颜色，打孔		材料小样	
			使用数量	1m
工序说明	照布——裁剪——整理裁片——前后拼合——丙烯颜料上色做旧处理——划线打孔——制作带子和片状——缝合完成			
缝制工艺说明	缝头宽窄一致，正面压线顺直，宽窄一致 划线打孔，每个间距5CM			
设计：姚灵雪　打板：姚灵雪　样衣：姚灵雪　制表人：姚灵雪　审核：姚其红				

-13-

图5-111　生产工艺单2

（七）成本核算表

如图5-112、图5-113所示。

七、成本核算表

主题名称	假肢先生	款式名称	Oversize长款外套	款号	2015021839E-a	规格号型	185/A	填表日期	17.1.2

款式图

2015021839E-a（正）　2015021839E-a（反）

序号	面料名称	成分	小样	价格	用料/横幅1.5米	合计费用
1	肌理白色棉布	20%棉80涤%		40元/米	3米	120元
2	白色牛仔	100%纯棉		28元/米	3米	84元
3	平纹全棉	100%纯棉		18.96元/米	3米	56.88元
面料费用总计：		260元				

序号	辅料名称:	辅料小样	单价	单件用料	合计费用
1	双面黏衬		3.2元/米	3米	9.6元
2	金属长方形四合扣		3.2元/组	8个	25.6元
3	包胶铁丝		1.3元/米	1.3米	1.69元
辅料费用总计：		36.89元			
加工费：		65元			
成本总计：		361.89元			

-14-

图5-112　成本核算表1

七、成本核算表

主题名称	假肢先生	款式名称	超长款衬衫	款号	2015021839E-b	规格号型	185/A	填表日期	17.1.2

款式图

序号	面料名称	成分	小样	价格	用料/横幅1.5米	合计费用
1	白色牛仔布	100%纯棉		28元/米	2.5米	70元
面料费用总计：		70元				

序号	辅料名称:	辅料小样	单价	单件用料	合计费用
1	金属四合扣		0.84元/个	10个	8.4元
2	毛线		20元/个	9个	180元
3	手工白乳胶		19/公斤	1/3公斤	6.3元
辅料费用总计：		194.7元			
加工费：		65元			
成本总计：		329.7元			

-15-

七、成本核算表

主题名称	假肢先生	款式名称	胸前配饰悬挂物	款号	2015021839E-c	规格号型	185/A	填表日期	17.1.2

款式图

序号	面料名称	成分	小样	价格	用料/横幅1.5米	合计费用
1	澳洲白羊纹皮革	pu皮料		41.8元/米	1米	41.8元
面料费用总计：		41.8元				

序号	辅料名称:	辅料小样	单价	单价用料	合计费用
1	丙烯颜料		12元/个	3个	36元
辅料费用总计：		21元			
加工费：		30元			
成本总计：		92.8元			

-16-

图5-113　成本核算表2

（八）面料再造

如图5-114所示。

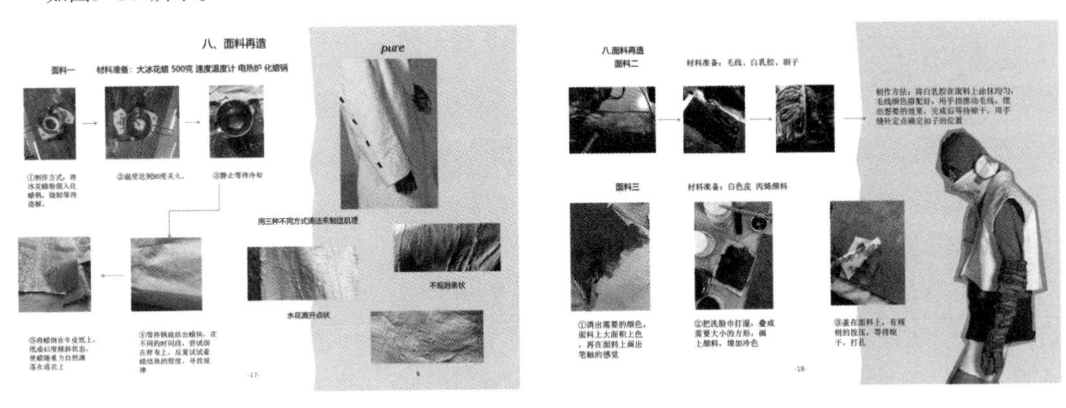

图5-114　面料再造

（九）成衣照片

如图5-115、图5-116所示。

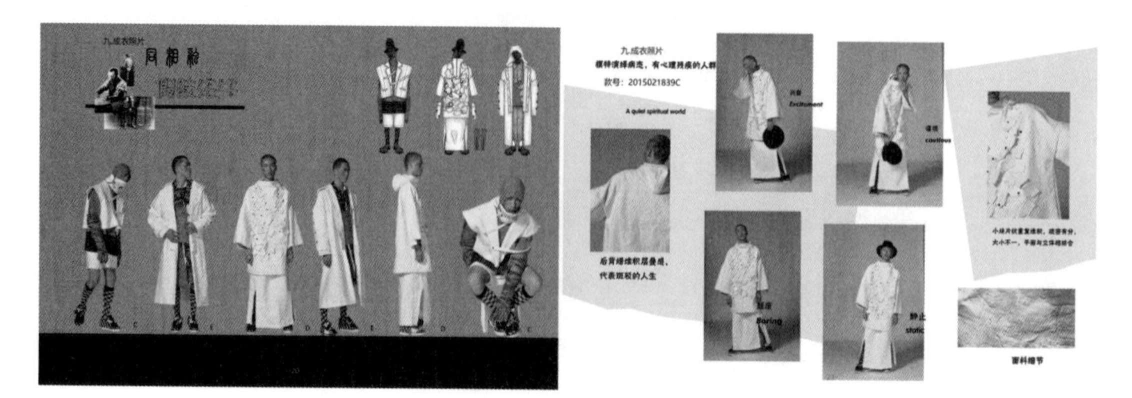

图5-115　成衣照片1

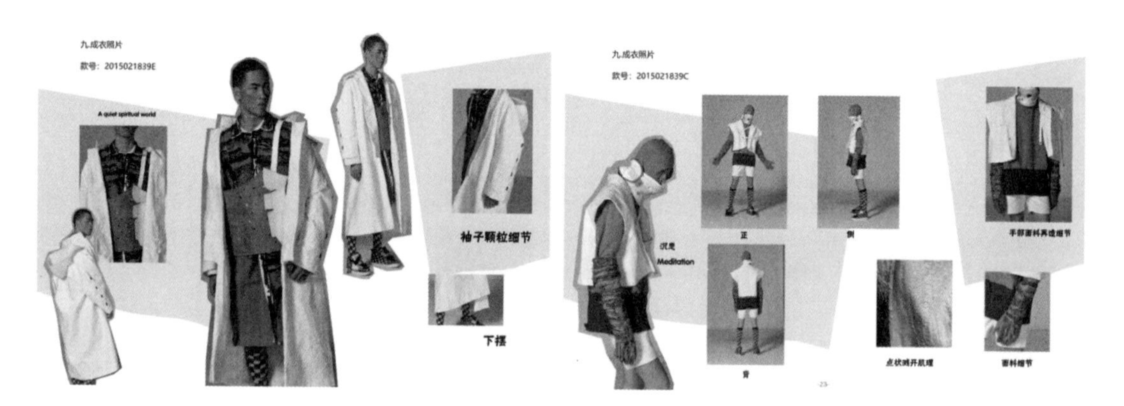

图5-116　成衣照片2

（十）设计报告（过程）

1.选题说明

在历时三个多月的拼搏中，我们真的是有笑声，有泪水，有无助。在做毕业设计之前的假期，我是没有丝毫头绪的，看到这次的四个设计大主题，感觉可以包含的设计方向有太多太多，真的很困惑。起初连方向都找不到，只是在一股脑地搜图，硬搬乱凑，在做这个系列之前，我已经画过50个女装系列，但一直没头绪，这让我感到烦躁。后来，在看时尚综艺节目的时候看到一个假肢超模，她虽然腿残疾，但她的自信的Pose不比其他模特差。我们都知道模特的身上是不能有疤痕、明显伤口的、更别说残疾了。可事实是她这样的残疾的人成功了，并且成了国际上的超模。这也恰好符合《同相融》这个大主题里的都市生存者的方向。在城市里生存，谁都不容易，这对一些身体有残疾的人就更困难了。看到假肢超模的成功，我很有感悟和启发，因此决定做一个系列来表达对这类身体残疾，但依然勇于追求美、活出人生精彩、身残志坚的人群的敬意。同时，假肢超模用他们的人生为我们谱写了：残缺也是身体上美的一部分，心灵的美比外表更加重要。

2.设计构思

有关人体假肢的资料我收集了许多。早在1900年，皮革是假肢材料的主流，帮助身有残疾的人更好的生活。现今，时装超模身戴假肢走上T台，更好地宣扬了对身残志坚的人群的欣赏。因此，在我设计的这一系列里，主色调被设置为白色，它代表纯洁。整体色系是砖红色的同色系，从浅到深，深浅结合。此外为了使整体让人看起来不太腻，加入了一点冷色调蓝色来缓解，主要用在配饰上。

本次设计将人体假肢、相关医疗器械进行艺术性的变形改造后，在服装上作为主要设计元素进行运用，创造美感。利用服装面料制作出假肢的效果，从而表达对残疾人坚韧不拔、身残志坚，勇敢追求美好生活精神的赞颂。在面料上运用多种方式来进行面料再造处理，将服装的实穿性和创意性很好地进行了结合（图5–117）。

十、设计报告

1.选题说明

历时三个多月的拼搏，我们真的是有笑声，有泪水，有无助。在做毕设之前的假期我是没有丝毫头绪的，看到这四个大主题，可以包含的太多太多，真连方向都找不到，只是在一股脑的搜图，硬搬乱凑，在做这个系列之前，我是画过50个女装系列的，一直没头绪让我感到烦躁。后来看综艺的时候看到一个假肢超模，她腿残疾，但她的自信与pose不比其他模特差，我们都知道模特的身上是不能有疤痕，明显的伤口，更别说缺胳膊少腿了。可事实是这样的残疾的人她成功了，并且成为了国际上的超模。后想这就符合《同相融》这个大主题里的都市生存者。在城市里生存，谁都不容易，这对一些身体有残疾的人就更困难了。看到假肢超模的成功，因此想做一个系列来表达，这类身体残疾，心理残疾，但依然勇于追求美，活出人生的精彩。假肢超模，用他们的人生为我们谱写了，残缺也是身体上美的一部分，心灵的美比外表更加重要。

2.设计构思

有关假肢的的资料我收集了许多，早在1900年皮革假肢是材料的主流，现今又有超模身戴假肢走上T台。我将主色调设置为白色，白色代表纯洁，整体色系是砖红色的同色系，从浅到深，深浅结合，为了使整体让人看起来不太腻，加入了一点冷色调蓝色来缓解，主要用在配饰上。

本次设计将人体假肢，等医疗器械进行艺术性的变形改造，在服装上运用起来创造美感。利用服装制作出假肢的效果，从而表达残疾人坚韧不拔的性情。在面料上运用多种方式来进行面料再造处理。将服装的实穿性和创意性相结合。

意象来描述

形态变形

材质变化

阳光很美，

我想那些热爱生活的人，肯定每天都在享受阳光吧。

-24-

图5–117　设计报告1

3.款式设计

在款式上我运用了多种方式描述。款式丰富，在服装的层次的表现上，我用的服装件数比较多，一方面是我可能比较喜欢这样的层次感，另一方面增加服装的件数可以使整体看起来不单薄。主要的设计元素就是残疾人的假肢造型及其他的医疗器械的分解重组。我将这些假肢的元素进行变形后，分别放在胸前、手部、腿部、后背以及颈部，还做在配饰上。服装的整体廓型是偏大的，用了较多的驳领，体现出绅士的感觉。

4.成衣制作

制作期间失败了许多次，也尝试了许多种方法，一直在寻找最适合自己的方法。

12月才开始制作成衣，相比其他的同学来说，我慢了很多，坯样也没做完整，所以后期在制作成衣的时候有些迷茫，不知道应该从哪里开始，开始了又总觉得哪里差点。当老师跟我们确定了拍照的日期，我开始莫名的紧张和害怕，于是一股脑地做，几乎每天都泡在工艺教室。

成衣制作期间是碰到困难最多的时期，当我发现我制作的成衣和效果图画的感觉越跑越偏时，我开始沮丧，为什么会这样？明明颜色、廓型、比例上我都是和效果图是一样的，为什么会有这么大的出入？制作的成衣就像是商场里买来的残次品，我开始怀疑自己的能力。思考了良久，发现问题出现在面料上!我挑选的面料太软了，使第一套的斗篷的造型根本出不来，装了里子，整体看起来就更奇怪了，而且裤子的面料还和上衣面料不搭，一瞬间所有的问题都爆发出来了。那时候离拍照只有10天了。崩溃的内心让我头痛欲裂，连睡都不敢睡。由于第一套服装的颜色比较难找，为了找这个面料我跑了好几个面料市场，无奈我只能换个款式制作，坯样很快就出了，我又开始思考面料，本想针织毛线面料和皮革搭配，但时间上不允许，而且想用毛线织成一件外套，但这样不仅时间来不及，成本上也太高。挑选面料中表面起毛的材质太多，造成服装不精致也不平整。思考了许久，最后决定还是要统一面料，并确定了需要的面料和后期面料再造的方法。

我制作的款式是大廓型，面料需要有一定的厚度，但是我选中的白色主面料很薄，只能选择自己复合面料了。我买了大量的双面黏衬和有一定厚度的卡其布，前面的步骤很烦琐，因为男装要熨烫的面积很大，基本都是要烫上一整天，才开始制作。

成衣的基本框架做好时我所剩的时间已经不多了，做细节做了大概有三天，包括面料再造。这时麻烦又出现了，需要的面料颜色与厚度不是我想要的。我曾几度真的累到想放弃，也许是内心的执念，让我坚持下来，重新振作完成成衣（图5-118）。

3.款式设计

在款式上我运用了多种方式来描述。款式丰富，在服装的件数上我用的比较多，一方面是我可能比较喜欢这样的层加感，另一方面增加服装的件数可以使整体看起来不单薄。主要的设计元素就是残疾人的假肢，及其他的医疗器械。

我将假肢的元素变形，分别放在胸前、手部、腿部、后背以及颈部，还做在配饰上。服装的整体廓 要偏大的，用了较多的驳领，体现出绅士的感觉。

在草图上罗列出流行趋势的廓型，分析秀场面料的运用

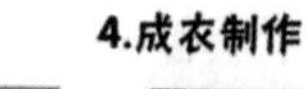

4.成衣制作

制作期间失败了许多次，也尝试了许多种方法，一直在寻找最适合自己的方法。

用面料制作手部关节部位

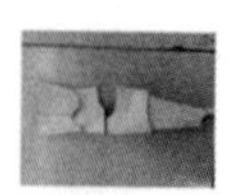

多种尝试，寻找最合适的搭配

手套制作4次，终于理解透做手套的规律

后期尝试面料再造

手部关节足共失败3次，尺寸上出了错误，足是翻不进去，，一个尺寸错误，上面的其他都要修改，总是在反复修改，反复重做。

袖子关节装在袖片上，视觉上效果并不是很好，问题又出现，外套和内搭看着格格不入

我是12月才开始制作成衣的，相比其他的同学来说，我慢了很多，坯样也没做完整，所以后期在制作成衣的时候有些迷茫，不知道应该从哪里开始，开始了哪里又差点。当老师跟我们确定了拍照的日期我开始害怕了，一股脑地做，每天都泡在工艺教室。

成衣制作期间碰到了许多困难，我发现我制作的成衣和效果图画的感觉越跑越偏时，我开始沮丧，为什么会这样？明明颜色廓型比例上我都是和效果图是一样的，为什么会有这么大的出入，我制作的成衣就像是商场里卖的残次品，开始怀疑自己的能力。问题出现在面料上！我挑选的面料太软了，使第一套的斗篷的形根本出不来，装了里子布整体看起来就更奇怪了，而且裤子的面料还和上衣面料不搭，一瞬间所有的问题都爆发出来了。时候离拍照只有10天左右了。崩溃的内心让我头痛欲裂，连睡都不敢睡。由于第一套的颜色比较难找，当时找这个面料就跑了好几个面料市场，无奈我只能换个款式制作，坯样很快就出了，我又开始思考面料，本想针织毛线面料和皮搭配，但时间上不允许，而且想用一件毛线织成一件外套成本上太高。挑选面料碎的毛病太多，造成服装不整。思考了许久，最后决定还是要统一面料，冷静的思考后，确定了需要的面料和后期面料再造的方法。

我制作的款式是大廓型，面料需要有一定的厚度，但是我选中的白色主面料很薄，只能选择自己复合面料了，买了大量的双面粘衬和有一定厚度的卡其布，前面的步骤很繁琐，因为正好是男装，要熨烫的面积很大，基本都是要烫上一整天，才开始制作。

成衣的基本框架做好时我所剩的时间已经不多了，做细节做了大概有三天，包括面料再造。麻烦又出现了，需要的面料颜色与厚度不是我想要的，曾几度真的累到想放弃，也许是内心的执念，让我坚持下来，重新振作完成成衣。

-25-

图5-118　设计报告2

5.总结反思

终于到了最后，这学期给了我太多“惊喜”。我搞砸了许多，常常反思为什么自己会做得这么慢，效率远远不够，也知道并分清了自己的能力，还是太稚嫩了，对面料的了解度太少，有的时候差点害了自己，只怪意识到时太迟。

这学期对我来说是个挑战，我尝试了很多从前没做过的，如独立打板，还有制作成衣对我来说太困难了，不过最后我成功了，虽然做得不是很好，但至少我进步了。经过这么多次栽在面料的问题上，我不得不重视起面料来，也使我在专业上成长许多，理解了面料的运用，尝试了面料再造的各种效果，今后需要学习的地方还有很多，要抱着学习的心态来生活。

在大学学习的两年多时间里，我学到了许多。从原来陌生的软件，到后来熟练掌握，幔幔地对这个专业产生了许多共鸣。最后感谢悉心指导我的老师；在我困难的时候，帮助我的朋友们；感谢学校提供的外网资源，开阔我们的眼界（图5-119）。

图5-119　设计报告3

思考题

1.创意类服装设计的流程怎样？

2.创意类服装设计的构思方法主要有几种？请简述。

3.毕业设计文本制作从哪几方面着手？

作业布置

完成创意类毕业设计一个系列，按要求独立制作完成成衣三套，制作详细精美的毕业设计文本一份。要求如下：

1.服装设计作品要求

（1）独立设计成衣作品一系列3~6套，并制作出实物。

（2）符合主题风格，服装类别不限，材料不限。

（3）作品设计要求有原创性；构思独特，并展现鲜明的个性风格。

（4）整体服饰配套完整，款式、色彩搭配合理。

（5）设计作品时尚感强，实用与创意相结合，有一定的市场前瞻性。

2.设计文本要求

（1）概念版：表现作者思想的灵感源、意境图、色彩基调、风格定位、设计思路等。概念版内容应包括灵感来源图片、设计的关键词、面料小样、色卡、配饰、图案及文字说明。文字说明200~300字，语言简明扼要。

（2）彩色设计效果图3~6套；表现材质、形式不限，要求人物动态优美，画面整洁，比例匀称，款式有创意，设计说明200字左右。

（3）款式图3~6套；画出每一个款式的正、反面款式图；结构表达正确，比例准确；每款服装标上款号。

（4）立裁步骤图和结构图：选其中一套成衣作1：5制图，标注规格尺寸表和平面款式图。制图符合制图标准，规格尺寸标注清楚（若采用立体裁剪，则需要把立体裁剪制作过程的主要步骤进行拍照，并用文字说明立体裁剪每一步的操作过程）。

（5）生产工艺单：选一套成衣，写出生产流程及缝制工艺要求并配局部细化图解说明。

（6）成本核算表：选一套成衣，写出其成本核算，包括面辅料和加工成本等。

（7）成衣照片：反映设计制作过程和最终成衣效果的照片若干。进行合理排版，展示作品系列效果。其中要有一组整体效果的照片。

（8）设计报告：字数不少于2000字，主要阐释主题灵感产生的来源、整体设计思路，材料选择、展现设计制作的过程，对设计过程中存在的问题、解决方法进行总结和反思，并说明努力的方向。要求思路清晰、条理分明、语句通顺、逻辑严密、叙述清楚。

第六章　服装毕业设计成衣汇展

课题名称：服装毕业设计成衣汇展

课题内容：汇展准备、毕业设计成衣汇展、毕业答辩前准备和答辩技巧

课题时间：32课时

教学目的：通过毕业设计成衣汇展,提高学生专业整体的素养,增强成就意识。同时，让学生了解成衣汇展前的准备工作、成衣汇展中需要注意的事项，以及了解答辩前准备和答辩技巧掌握。

教学方式：采用讨论法、分析法、启发式、案例法等教学互动性强的教学方式，充分挖掘学生团体意识和组织策划能力。

教学要求：1.让学生了解毕业设计作品成衣汇展的目的和形式。

2.让学生了解毕业设计作品成衣汇展的前期准备事项。

3.让学生掌握成衣汇展的策划、组织、编排等工作内容。

4.让学生了解成衣汇展中的成本内容和计算方法。

5.让学生了解动态成衣汇展中模特的选择和形象塑造。

6.让学生了解成衣汇展中编导角色的重要性。

7.让学生掌握静态、动态汇展中的注意事项。

8.让学生了解答辩前准备。

9.让学生掌握答辩技巧。

第一节　汇展准备

毕业设计完成之后，有条件的学校会举行静态、动态毕业设计作品汇展。

一、汇展目的

毕业设计作品汇展是学校人才培养质量面向社会的大检验，是促进毕业生将大学三到四年的学习与实践能力相结合、锻炼和提高学生创意能力的有效手段，也是促进高等教育教学改革和提升人才培养质量的要求。通过汇展，为毕业生提供了一个与企业零距离沟通交流的机会，使他们的才华与实力通过汇展得以展现，让用人单位更加直观和形象地了解毕业生的专业能力和人文素养，为前来观展的企业提供遴选人才的窗口，从而有利于毕业

生的市场推广和顺利就业（图 6–1）。通过汇展，还让在校的大学生有个学习的机会和学习的动力（图 6–2）。

图6–1　毕业设计作品动态汇展1　摄影：王国海

图6–2　学生正在拍照

对于学校来说，毕业设计作品可以向社会展示办学成果，扩大办学影响力，既为企业推介毕业生就业，也为下一届的招生造势。对于学生而言，通过毕业设计作品的成衣汇展，是对自己三到四年大学学习生涯的一次展示，进而全面地提高学生的动手能力和独立思考、团队协作的能力。让学生多想几个“怎么做”：“怎么让自己的作品出彩？”“怎么去展示？”“怎么去选模特？”通过多思考，提升服装设计的完整性，让作品体现设计者最佳的创作设计状态，进而体现成就感。

二、汇展形式

毕业设计成衣汇展的形式可以分为静态成衣展示和动态成衣展示。

（一）静态成衣展示

静态成衣展示可以分为两种：毕业设计作品答辩静态展示、毕业设计作品静态展示。

毕业设计作品答辩静态展示是最基本也是最常用的静态展示。此时，学校会安排几个人台作为静态展示的道具，答辩时需要将毕业设计作品在准备好的人台上搭配好进行答辩。当然，也可以选择真人的模特对作品进行展示。

不管是哪种模特的展示，都必须完整搭配出服装的完美形态，如穿着方式、饰品搭配等。让毕业设计作品以最完整的状态向答辩组的老师展示服装设计意图。然后，学生可以用 5 分钟左右的时间对作品进行充分的说明，在介绍作品时，尽量使用专业词汇，将创意思维、设计灵感、用料、用色、设计细节、设计对象以及穿着场合进行充分的说明。这时，答辩老师会将答辩人的毕业设计文本和实物进行对照，然后结合答辩人在答辩中的表现给出综合分数。

毕业设计作品静态展示是将毕业生的设计作品汇集一处，进行静态的展示。在静态展示中，首先学院要从整体学院毕业生状态给出整体的会展思路、场地的规划以及经费的落实。如中国美术学院 2013 年毕业展定名为“上手的青春”，虽然是一次集体的亮相，但对于个体的毕业作品而言，作品尽可能地表现和强化设计意图，不管是饰品还是其他一些能渲染氛围和设计灵感的道具都是不容忽视的，让作品能有强烈的视觉冲击力，得到观众的认可（图 6–3）。在静态展示中，观众既有同届的学生，也有下一届的学生，还有学校的老师，学校也会邀请企业人士过来观看。如果这次静态展示的场地是展览馆或陈列馆的话，观众则来自于四面八方，作品得到评价的机会也就越多。有些毕业展示会对外开放，如中国美术美院每年都会有毕业展示，好的作品还会在其他城市展示，面向的对象更为广泛。

2019 年在上海举办的“走进香奈尔”展，与 2018 年在香港举办的“走进香奈尔”展在布置上有一些区别，但是两者在布展与设计上都是非常值得看的展览。如图 6–3 所示，在香港“走进香奈尔”展中，设置有与观众的互动空间，观众一进门就可以挑选一朵喜欢的香奈尔茶花，贴在一个大型的白色装置上，这个装置也因为观众的互动形成了新的色彩形象。一层层奶白色的布帘将一个个服装展示区域划分开来，观众穿梭在狭长的通道，越过布帘往里面看精致匠心的服装，同时也有工作场景的布展设计，如图 6–4 ~ 图 6–6 所示。如图 6–7 所示，通过真人模特的表情、眼神、神态，以及道具将古典的仕女形象展现了出来。

图6–3　“走进香奈尔”展览互动空间

图6–4　“走进香奈尔”展览实景

图6-5 “走进香奈尔”展览布展特点

图6-6 “走进香奈尔”展览工作场景展览设计

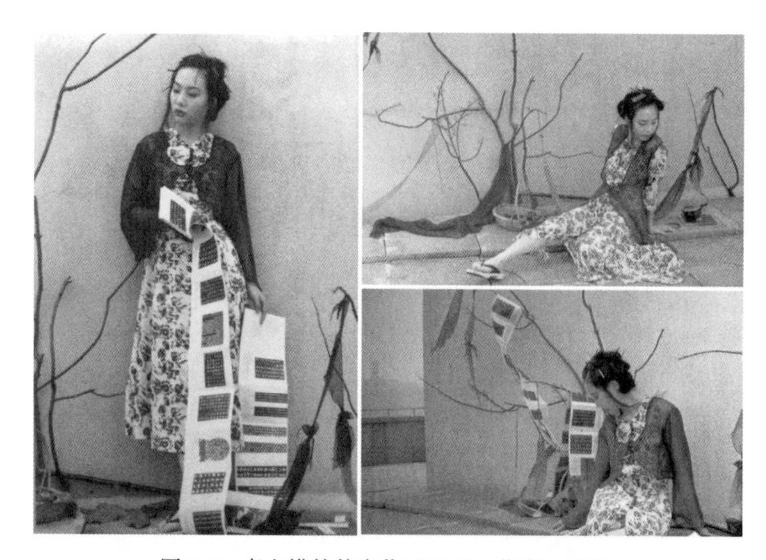

图6-7 真人模特静态作品展示 作者：谢琴

静态展示可以通过橱窗的形式展示服装的设计意图。橱窗设计中设计主题、表现形式、选用道具、灯光、是否采用模特以及成本核算都是学生必须考虑的问题。有些学生总是会用最简便的图像方式进行喷绘处理背景，导致这种创意泛滥，失去了新意。橱窗设计的目的就是抢观众的眼球，通过具有视觉冲击力的创意，让观众被橱窗设计所吸引（图6-8~图6-10）。在橱窗设计中，可以借助年轻、时尚品牌的创意，既节约成本又有新意。

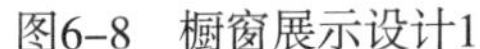

图6-8 橱窗展示设计1

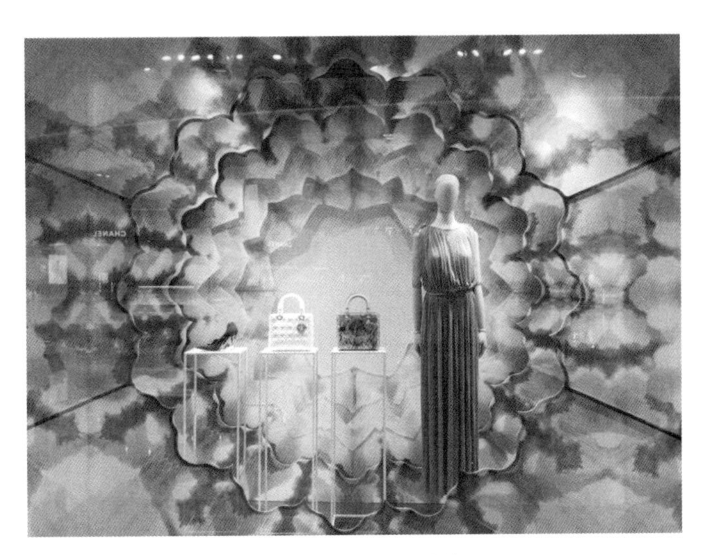

图6-9 橱窗展示设计2

图6-10 橱窗展示设计3

（二）动态成衣展示

毕业设计作品展示主要面向的观众是学校的领导、老师、学生以及少数的企业代表和赞助商。根据对毕业设计作品的质量，再加之学校当年的毕业生数量的考虑，不是所有学生的毕业设计作品都能在T台上展示，因为一场秀的表演时间在30分钟左右，若时间长，就会使观众视觉疲劳。对于要在T台上进行作品展示的学生，会更加在意自己的作品在舞台上“如何去展示，如何表现最佳的状态，采用哪一种音乐”等非常多的想法，这有利于使作品更加的出彩，会从观众的角度去考虑得更多，目的在于抓住观众的心（图 6–11）。

图6–11　毕业设计作品动态展示　摄影：王国海

三、汇展方案策划

策划是围绕服装创意和表现内容进行的。不管是静态展示还是动态展示，场地、灯光、展出格调、氛围、观众都是需要策划的，而在动态的表演中，模特、观众以及具体的编排、灯光调整、音乐选编、前后台管理、衔接等需要聘请编导和内务人员，对总体表演方案、规划、实施进行等方面进行专业性策划，以确保演出活动的整体效果和顺利完成。

毕业设计作品汇展不像服装设计比赛、服装设计师作品或品牌的产品发布会，由于经费有限，不可能像企业一样进行精心和特别的策划，只能根据经费的情况，就服装作品的内容、风格、诉求、场地状况等考虑表演的规模和形式。

当然，不同形式的表演都能得到不同的眼光和心态去欣赏，从中得到对服装的感受和启迪。在毕业设计的服装展示中，服装是核心，因此，毕业作品的设计者需要将服装的理念及音乐、用舞台的效果与编导、模特沟通，进行很好的展示和演绎（图 6–12、图 6–13）。

图6–12　动态展示场地设计

（一）策划

1. **定主题**

毕业设计作品选题较多，且在众多的选题中，风格不一、设计对象性别不一。如2009届的毕业设计选题是街头时尚、民族艺术、竞赛项目、岗工结合等，在这几个选题里，学生选择的作品类型是非常丰富的，有做男装设计、女装设计和童装设计。为统一毕业设计作品动态展示服装整体风格，必须在众多的毕业设计作品中找出共性的东西，然后确定出动态汇展的主题。明确主题往往就是表演服装的选择、搭配、舞台制作艺术、编排艺术发挥的支撑点。

图6-13　动态展示场地利用　摄影：王国海

主题中还包含着命名的环节。毕业设计作品动态展示的命名是主题的提炼、概括，它浓缩了主题所要表达的思想，具有很强的艺术包装效果。命名要求用词新颖、独特，含义隽永的命名能给观众留下深刻的印象（图6-14～图6-16）。

图6-14　毕业设计作品汇展“融”主题设计　摄影：赖振龙

图6-15　毕业设计作品动态展示1

图6–16　毕业设计作品动态展示2

2. 定服装数量

主题一旦确定，就要挑选与主题相吻合的毕业设计作品。一般情况下，30 分钟左右的舞台演出，需要 80~100 套服装。当然服装的数量不仅与演出的时间有关，还与表演的形式有关。单个出场的话，需要 100 套左右，而以系列出场的话就只需要 80~90 套。

3. 定表演形式

表演形式与服装的设计有关。服装表演的形式分单个出场和系列分组出场。如果是单个出场，服装的设计细节应比较饱满，看点很多，而如果单件服装看点不够，最好是分组系列出场，这样观众可在整组服装中浏览，看的东西就比较丰富了（图 6–17~ 图 6–20）。

图6–17　分组系列出场1　摄影：赖振龙

图6-18　分组系列出场2

图6-19　分组系列出场3　摄影：王国海

4. 定舞台长度

舞台的长度也会影响表演的时间。毕业设计的秀场表演，不一定是在正规场合的T形台上表演，有时会借用现成的楼房台阶，或者是公园，或者是典型的建筑物等，不同的场地从出场到进场的长度不一样，T形台的伸展台长度为12~18米（图6-21~图6-24）。

图6-20　分组系列出场4

图6-21　舞台设计效果1

图6-22　舞台设计效果2

图6-23　舞台设计效果3

图6-24　舞台设计效果4

（二）组织

由于服装毕业设计作品汇展具有极强的目的性和较为特殊的观众，其组织程序必须要与这些目的相结合，并为观众服务。作为服装毕业设计作品汇展需要有编导组、模特组、宣传组、后勤组、后台组和拉赞助的组。各个组既有分工又有合作，在每个组里要设组长，组长之中再选一名负责人，当意见发生碰撞时，由负责人做出最后决策。

编导组是贯穿整个表演的中心，需要运用音乐、舞台、灯光、模特造型、化妆风格等多方面的元素来吸引观众。具体的工作包括对音乐的选择和制作、灯光的处理等，现在的发展趋势说明，背景的视频制作是非常主要的一项，一般请专业的制作公司根据要求进行设计制作。编导的知识面要广，又要具有较好的沟通能力。

模特组的主要工作是找符合整台表演气质和体形特点的模特。后勤组的主要工作包括交通、餐饮、人员的联络、邀请函的发送等。宣传组需做好宣传本次活动的海报制作、新闻报道、拍照、录像等宣传工作。后台组的工作主要是模特的服装试穿，与服装设计师和模特的沟通，后台组是编导、模特、服装设计师三者之间的桥梁。

（三）成本预算

服装毕业设计动态汇展的运作必须以一定的经费为基础，在组织表演前应确定全部费用的数额，而成本的预算就十分有必要。

这些费用主要包括场地的租赁费、舞台的搭建费、背景视频及音乐制作费、舞台灯光制作费、模特出场费、编导与排练费、主持人费、化妆发型制作费等基本的制作费用，还包括运输费、工作人员、在演出和排练期间的餐饮费、广告宣传费等。

在实际的操作中，若实在经费不足，有些费用还是可以省去的，有些费用可以通过拉赞助的形式去补充。比如，场地租赁费，如果选择公园等免费的场地，租赁费就可以省去。如果在白天演出，灯光制作费也可以省去。模特的费用是比较大的一笔，对于学校毕业设计作品汇展而言，不会去邀请顶级的模特来演出，一般会邀请学校内的模特。为节省成本，有时候不找专业的模特，而是找在校学生作临时模特，那么模特费用就可以省去。但有些费用是必不可少的，因此降低费用、充实整体策划的资金预算的另一个途径就是拉赞助。

（四）模特

模特是整个服装表演的承载者。一场服装表演是否成功很大程度上取决于模特的选择。模特的气质是否与整台表演风格相符，模特的体形是否符合要求，模特对所要表演的时装的理解是否恰当，都会直接影响演出效果。因此，选模特不是选漂亮的模特，而是要选符合整台服装表演气质、服装风格的模特。同时，模特的体形特点要符合服装的要求。针对不同的服装，对模特体形的要求也会不同，如表演较短裙子的服装要求模特腿要细长，而对三围较突出的衣服，就要求模特的三围更加标准化（图 6–25、图 6–26）。

一台 30 分钟左右的表演，需要 16 个左右的模特。当然，模特的数量也跟舞台的长度有关，也跟后台与舞台的距离有关，距离大的话，要求模特的数量就会越多。

一场服装表演，由于时间的关系，模特发型、化妆都是统一的。如果需要完全不同的装束，应事先提出来，在征得编导同意的情况下，另找模特。这样可以专门为自己的服装

图6–25 模特照片1 图片提供：董肖宇

图6–26 模特照片2 图片提供：董肖宇

对模特的化妆和发型提出特定的要求。

（五）赞助

在校期间，学生的生活丰富多彩，各种活动应接不暇，活动的费用不是全靠学校经费的支持，也可通过从外界拉赞助的形式来支持活动的开展。

赞助有几种形式，包括道具赞助，如活动用的音响、搭建的舞台等道具，可以通过找专业的展览公司赞助；人力赞助，比如化妆师、模特、工作人员等；还有资金赞助。

拉赞助要实事求是、利益互惠，可以通过主办单位、协办单位等冠名的方式与赞助商合作，也可以在主持人的讲稿里提及赞助商的名字，在醒目背景标题里标明主办单位、协办单位等，或让赞助商作为特邀嘉宾出席当天动态展，在宣传单上也要有计划地提及赞助商的名字，让赞助商的利益在动态展的筹备、宣传到最后演出的过程中有所体现。

拉赞助是一个苦差事，但是非常锻炼人，在拉赞助之前要做好策划，知道到哪里去拉赞助。在拉赞助的过程中要有极大的耐心和沟通技巧。除了要将活动情况向对方介绍清楚之外，尽量少讲话，要耐心地倾听。即使不成功，也不要表现出失望来，这是很好的建立人际关系网络途径。通过拉赞助可以锻炼的能力，拓展人际关系。

（六）邀请企业

近几年，伴随中国服装产业的转型以及国外品牌大量涌入中国市场，对于服装行业的人才需求迅速加大，有专业素养和职业道德的人才在企业中的地位逐渐得到提高，在举办毕业设计作品汇展时可以邀请企业来参加（图 6–27）。

如果毕业设计的选题是以大赛的形式来操作，那么动态展则是最后评奖与作品汇展结合在一起。

图6–27　国外来宾和企业代表观看作品展示　摄影：王国海

（七）编排

动态展编导的编排创意非常重要。前面提到，编排时要根据服装的设计来决定服装表演的形式，是单个出场还是分组出场。在整个服装表演排演中，编排要做到将最好的服装放在开场和结束，这样既能在最先的开场中吸引观众的兴趣，还能在最后留有悬念。编排中还要注意模特的出场走法，是直线型的还是曲线、是斜线还是环形，分组出来的模特是否要变换位置等，最后的谢幕是否安排设计师出场，这些都是在编排时需要考虑的（图 6-28）。

灯光舞美在一般情况下的开场和结束时会变换灯光，以吸引视线。模特出场会用些白炽光，因为，白炽光能让服装产生立体感，让观众对服装的设计看得清楚些。

图6-28　设计师谢幕　摄影：赖振龙

（八）其他

在进行动态展的策划活动时，就要制订一份切实可行严密的流程表，按照流程表的内容进行工作。

在进行毕业设计作品展的决策时，每个学生都会有不同的意见，此时，在组里要选一个能力强、有领导才能、有说服力的学生担任组长，当他们的意见不一致时，让组长做出最后的决定。

关于演出时的模特，不是每场演出都会请专业的模特来演出。比如，在男装项目成果展中，为节省表演的成本，模特都是学生找来的，然后再邀请专业的模特学生给这些临时的模特学生进行培训。在一次次的与临时模特讲解服装设计意图，要求表演的感觉时，发现很多临时模特会找到着装走台的感觉。那么，学生怎样去找临时模特呢？一方面通过周边认识的同学去找，另一方面可以直接在校园里学生的主要活动场所寻找。

关于演出时的音乐，挑选与作品相吻合的音乐，可以选择与众不同的音乐，也可以请编导老师帮忙挑选，可以提出需要的音乐是什么节奏、什么旋律的，他们会凭经验帮忙挑选，但是这样选择的音乐有可能是比较大众化的，在整台秀场上有可能会不突出。音乐选择上还需要注意的是，所挑选的背景音乐不能太长也不能太短，与作品表演时间的长度要相一致。还要为整台演出做好音乐制作工作，不要在现场出现音乐断场的状况。

编导在整台动态展示中起着非常重要的作用，要保证整台动态秀场的节目质量，必须请一位专业和能力高的编导为本次的汇展做出指导。编导的作用主要体现在对整台舞美的构思，帮助模特分析服装、了解形体动作，并启发模特的情绪，同时还安排好模特的舞台调度问题，必要时还应在排练中给予模特造型或布局的具体示范动作，引导模特如何去表演，更重要的是培养模特驾驭表演的能力。此时，编导者应注重引领模特去体味服装，在模特心中明确设计的表现意图，使模特与服装协调起来，达到轻松、自如、自信的表演。当然，编导还可以运用音乐、舞美等去加深模特对服装的感受。

例：

“融”服装毕业设计发布会方案策划

策划：潘虹亚

组员：张颖、陆莹、何圆、汤凤娟

主办单位：服装学院

协办单位：09服装设计1班、2班

一、发布会时间

演出时间：2010年5月15日晚上19：00～19：30

二、观众

观看的观众为企业代表、学校领导20余人，在校一年级、二年级学生200人左右，以及全体毕业班的学生。

三、发布会主题

发布会主题为“融——09级服装班毕业设计展示发布会”，这个主题能体现出2009级服装设计班同学在时尚的氛围与国际办学文化的交融中，产生的无穷的设计灵感。整场发布会的风格格调将确定为艺术、时尚、活力、高雅，首选的服装是有时尚感的服装，再选择格调高雅的礼服，这样有利于形成发布会此起彼伏的吸引力。

四、表演场地

地点：校2号楼表演大厅

选择这个地点可以节省舞台的布置费用，有现成的音响和舞台，只需装饰和布置舞台两侧的展示板。

五、演出时间

为保证毕业设计发布会整体效果，统一格调，将从112名学生的作品中选出15个系列的75套服装进行展示。时间为30分钟。

六、演出规模

30分钟的表演时间，不是每一个同学的服装都可以参加演出，而是选择与主题相吻合的风格服装。

60位同学的设计中选出15个系列共80套服装进行展示。

七、编排

发布会中将最好的两个系列服装放在开场和最后，这样可以引起强烈的视觉冲击力，引起观众的兴趣。

出场的时候以系列出场，然后根据舞台的设计，模特一个个地以环形出场，最后再以系列展示，突出学生作品的系列感，使台上的演出饱满。

最后一个系列展示完之后，设计的学生和模特进行谢幕，领导上台与学生和模特握手、谢幕。

音乐由每组学生自行选择，经编导确认通过才可以使用。整台音乐一定要编辑完整。

灯光处理。在开场和中间变换灯光，引起观众的注意。

请一名编导老师。

要进行一次彩排，在彩排期间出现的问题及时进行解决，并且通过彩排让设计师更好地与模特、编导沟通自己设计的意图，以保证服装发布的最佳效果。

八、模特

为节省成本，走秀模特以学校学生为主，发挥学生自身的优势，在校园内进行“探星”。15个系列75套服装，大约需要15个模特。

根据毕业设计服装的特点，女模特10个，男模特5个。然后根据整场发布会的节奏确定各个模特的出场次序。

九、发布会的工作人员

发布会的工作人员全部由学生组成，毕业设计的指导教师协助。

总负责人员1名，由策划人潘虹亚负责。发布会过程中出现的有争议、不能定夺的事项由潘虹亚决定。

拉赞助人员2名。主要负责模特的邀请与发布会现场化妆师、发型师的邀请。

宣传人员2名。负责发布会的前期宣传，舞台的布置、广告、横幅、宣传单的制作以及领导、企业嘉宾的邀请等。在食堂前面、教学楼摆放大幅广告或贴宣传单，以扩大影响。发布会前三天在校园网络中发布信息，邀请校宣传部、校记者团参加，以最大限度提高发布会的认知度与影响力。

主持1名，女，负责每个系列服装的解说。

负责给模特穿衣的穿衣工15名，达到一对一。

催场员2名，发布会联络员2名。

化妆发型师5名。

接待与安全4名。负责彩排和发布会期间的接待、餐饮、安全等。会场安全由各班的班长负责，在发布会之前必须调试好会堂的灯光，音响及烟雾等各种道具，确保万无一失。

十、资金预算（单位：元）

序　号	费用内容	费　用	备　注
1	广告牌及展板制作	300	—
2	矿泉水 3 箱	80	—
3	舞台布置	500	用现有舞台
4	模　特	0	请学生赞助
5	餐　费	200	—
6	发型、化妆	0	拉赞助
合　计		1080	—

第二节　毕业设计成衣汇展

不管是静态展示还是动态展示，在展示之前都要为本次活动做好策划、资金预算以及组织工作。

一、静态成衣汇展及注意事项

（1）做好毕业设计成衣静态汇展的组织和资金预算工作。

（2）做好场地规划。

（3）设计好场景，用真人模特还是人台都需要事先安排好。

（4）服装的完整程度一定要高，不要因为是静态展示，对一些饰品的点缀作用就忽视。

（5）静态展示中可以设计一些小册子对主题进行说明。

（6）展示的形式要有创意，不要只是简单地将服装穿在模特身上。

（7）在以橱窗形式的静态展示中，要进行构图和主题的意境设计。

二、动态成衣汇展及注意事项

（1）在表演之前，需要足够的时间和方式将设计意图、服装着装方式、表演方式、服装设计点与模特和编导进行沟通，尽量让作品呈现出完美的视觉效果。如考虑是单个的模特出场还是一个系列的服装群体出场，是走得快一点还是走得慢一点？在出场中衣服要怎样去表现才会符合设计意图？这些，都需要详细考虑。概念性的服装需要设计师亲自向模特和穿衣工演示穿着方式。

（2）在试穿服装环节，需要修改的部位要进行修改，要让表演服装搭配完整。

（3）如果邀请的是非专业的模特，事前需要跟他们沟通的多一些，逐渐让他们从胆怯的心态中调整过来，在表演的时候表现出最佳的效果。

（4）鞋子在服装整体造型中是不容忽视的细节，必须找到与服装相配的鞋子。专业的女性模特都会有一双黑色的高跟皮鞋，如果需要其他的鞋子，必须事前配置好。由于模特的个子高，他们的鞋子相对也是比较大的，女模特大概为38、39码，男模特为42、43码。大码的鞋比较难买，因此事先要做好准备工作，不然会影响最后的表演效果。

（5）在秀场之中，装束发型，要让在秀场上表演的服装容易套过头而不影响模特做过的发型和妆容（图6-29、图6-30）。

图6-29　后台化妆管理

图6-30　头饰管理

（6）饰品中多准备几套紧身或连裤袜，这些配件在排练时很可能受损或丢失。在模特穿脱方便的基础上，把能固定在成衣上的所有配件都尽量固定好。解开衣服上复杂的绳、带等系合物，并向穿衣工说明清楚（图 6-31、图 6-32）。

图6-31　后台饰品管理

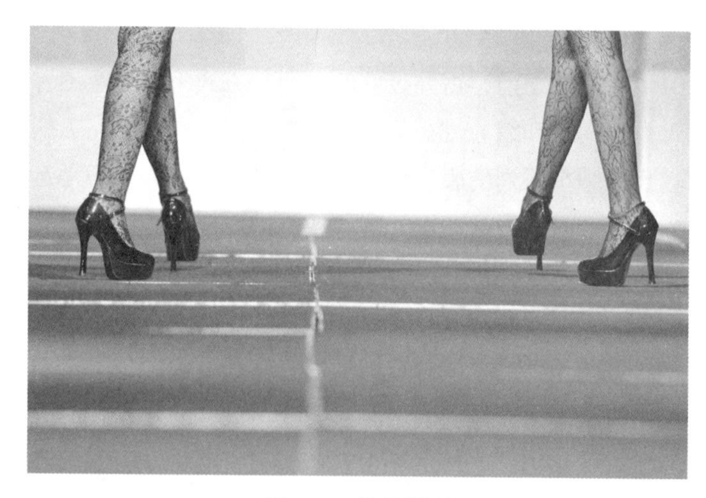

图6-32　饰品管理

（7）模特数量有限，而在走台中，一个系列的服装也就几分钟的时间，因此，模特换衣服的时间非常有限，应提前把衣服搭配好，让穿衣工以最容易和最方便的穿脱方法帮助模特换衣（图 6-33）。

图6-33　后台模特的搭配照片

第三节　毕业答辩前准备和答辩技巧

一、毕业答辩前准备

对于校方来说，毕业前的准备是做好毕业答辩的工作安排、人员安排、答辩章程等工作。通过答辩前毕业生毕业报告检查，只有符合答辩要求的毕业生才能参加答辩。当然，为了突出毕业设计的公正、公平，一般情况下，校方会邀请企业的技术人员参加每届的毕业答辩。

对于毕业生来说，毕业答辩前要做好如下工作。

（1）毕业设计的服装要求完整，并且是保质保量地完成。

（2）毕业设计文本要求内容完整，条理清晰，排版美观。

（3）毕业设计的服装要求穿在模特身上，可以是穿在真人模特身上或穿在假人模特身上。要注意的是，服饰一定要完整地搭配好。如果有条件，可以在答辩的时候播放音乐，让服装的感觉随着音乐把服装的概念表达出来。

（4）准备好毕业答辩汇报的 PPT。一般 PPT 汇报的时间要求为 5 ~ 10 分钟。在制作 PPT 时，不要将毕业设计的文本内容面面俱到地汇报，而是要突出几个重点。一是服装设计的概念，这个概念通过怎样的设计手法实现的。如作品主要是通过造型联系的，或是通过色彩突出主题的，或是通过材质的肌理去突出概念的等，一定要将设计想法表达出来。二是要将采用的面料、色彩、板型，以及工艺手法、图案等专业方面的内容深入表述。三是对服装搭配整体造型展示的目的进行说明。当然，需要补充一点是，如果毕业设计作品是以实用性为主题的创作，就一定要从市场的角度去分析，哪一类的消费者会购买，价位和市场定位在哪个消费层次的人群，都需要说清楚。还需要知道的是，答辩组的成员中有一位是资深的服装设计师。如果是以创意性的服装为主的毕业设计，则必须强化创意点和原创性，以及目前国际上流行的创意性趋势。

（5）答辩前要将当初的设计想法重新整理一下。因为很多学校，答辩的时间与学生作品完成的时间是有一定时间间隔的，说不定在3个月之后，学生已经将毕业设计的大多数给忘记了，所以学生需要重新整理一下思路，答辩时做到胸有成竹。

二、毕业答辩技巧

答辩时很多学生都会紧张，毕竟这是在校期间最后一次严肃的考试，一些表达能力比较弱的学生面对答辩老师更是不知道怎么说好。但是毕业答辩只有通过才能毕业。因此，只有安下心并认真做好准备工作，用良好的心态去面对评委。

首先，进入答辩教室之后，要向答辩组的老师问好，这是一个最起码的礼节。

接着，答辩老师会要求学生将自己的设计作品进行描述，这时可以一边播放准备好的PPT一边陈述。由于时间或场地关系，如果答辩时不能播放PPT，此时学生可以对着设计的作品进行陈述。陈述中要强调选题的目的，设计的概念，表现的手法，材料、色彩、造型等专业上的表达，在设计和制作过程中碰到的问题以及是如何克服的。当然在碰到解决问题的陈述中，不要忘记表达对指导教师和帮助过你的人的感谢。

然后，进入提问环节。学生应有针对性地回答问题，不要答非所问。一般情况下，答辩老师会问跟作品有关的问题，这是熟悉的问题，不用过于紧张。要落落大方，充分体现出一种自信，因为设计是自己做的，有把握的问题要充分地回答，将自己的优势和才能充分地表达出来。如果在回答问题时，碰到一些专业上没有接触过的问题，也可以比较婉转地说这个问题了解不太深入，问答辩老师是不是你这样的理解，也可以虚心向他们请教，在答辩中再次学到知识。如果碰到答辩老师批评或对你的回答持否定态度时，也不要表现过于强硬，直接顶撞，而是要谦虚，有则改之，无则加勉。

最后，答辩结束，你还是需要向答辩组的老师问好，感谢他们，这也是礼节。

思考题

1.毕业设计作品动态展中的注意事项？

2.编导在动态展中的作用主要体现在哪些方面？

3.毕业设计作品成衣静态汇展主要有几种？分别要注意哪些事项？

4.制定毕业设计作品成衣汇展策划方案需要掌握哪些方面？

第七章　毕业生求职技能指导

课题名称：毕业生求职技能指导

课题内容：职业规划、准备求职材料及求职简历、应对面试

课题时间：1天

教学目的：通过教师对毕业生求职技能的指导，让学生能正确面对毕业后就业岗位的选择以及就业实习，能够掌握求职资料的准备和制作技能，撰写求职简历和应对面试。

教学方式：针对学生个体情况进行个别的指导和沟通，使得学生能正确地做出自我职业规划，并做好充分的求职准备和面试工作。

教学要求：1.让学生了解做好个人职业规划对自己将来发展的重要性。

2.让学生掌握求职资料准备的内容和技巧。

3.让学生掌握求职简历的内容和技巧。

4.让学生知道如何应对面试。

当今，学校非常重视学生职业规划、从学生一入校就开设了职业规划课程，从“自我评定”“专业与职业探索”“职业尝试”“求职技能培训”四个方面对大学生进行系统地讲授，目的是让大学生能正确评价自己、了解所学专业的职业状况，为自己的将来作好职业规划。当然，从2015年开始，学校还成立了创业学位，培养学生的创业意识、职业意识，通过项目的培训参与去提升学生的职业能力。

第一节　职业规划

对于即将踏上社会的毕业生来说，在求职之前，应全面分析自己的性格特点、擅长，以及为自己以后人生做出规划。

一、就业定位和工作实习

（一）就业定位

对于大学生来说，一旦进入大学，就需要在校期间有意识地培养工作意识、专业意识，以及其他各方面能力的意识，及早地建立自己的事业网络，积累工作经验，制订就业计划，

试着在假期和业余时间去某些企业单位做兼职，寻求实际工作的机会和经历。试着参加各种竞赛和活动，以此提高自己的竞争意识、创意能力、组织能力、团队协作能力及拓展人际脉络。

在校期间，学校会安排学生去企业观摩实习和短期实习，或者与企业协作开展项目课程，更有些专业实施校企合作的订单式培养、现代学徒制培养，加强学生对专业、对岗位的认识，这些对于学生来说都是非常有利的学习条件，可以借助实习和项目的开展，对企业的各个工作岗位、工作特点、工作方法有基本的了解，观察不同职业和角色特征的工作途径，为在校期间怎么学和将来的就业定位打下基础，避免出现先就业后择业的情况。因为对于雇主来说，喜欢有工作经验的职员，同时也喜欢稳定的职员，对那些安心在一个工作岗位上的职员常常作为培养的对象，对于那些经常换工作的人不是很满意，觉得这种人稳定性不够。并且一个工作只有坚持做若干年之后，才能对这一行有深入了解，才能更好地在行业中发挥作用。

（二）工作实习

通常工作实习期间的报酬不高，做的工作很琐碎。比如，钉缝标签和纽扣、接电话、倒水、扫地，或是整理资料等杂务性的工作，最多还只是去了解之前公司设计的服装样式，或整理样衣，还不会有机会对公司的主要设计事务进行出谋策划。这些看似杂乱琐碎的工作，却是必须去用心做的，是极具价值的投资。可以从中去学会人际关系的沟通，多交一些朋友，虚心向他们学习，学习别人的优点。当然，如果已经具备非常好的专业能力，或者公司极需要人才去补充，完全可以从一开始就发挥专业优势，为企业提供好的设计方案。

刚进公司的前几个月都会被安排实习，公司通常都会让一个师傅来指导。这是一个非常好的机会，要虚心向师傅学习各种经验，包括实践专业经验，还有为人处世的经验，这都非常重要。当不知道要做什么的时候，多向师傅请教。

在实习阶段，个性和自我表现应当控制在一个安全的范围内，否则有可能会被他人所取代。比如，对于一个服装设计专业的实习生来说，设计经验有限，尚不了解实习公司服装设计的特点，因此，最好的学习办法是先了解公司之前的服装，将他们近几年卖得好的服装的基本风格、样式、设计特点、采用面辅料特点、色彩特点、工艺特点及样板特点等进行总结再花时间去学习、临摹和分析。需要调整好心态，越早掌握了专业实践，就能越早地在公司中发挥作用，最重要的是所掌握的专业能力是自己的；再者，就是要主动找事情做，不要等着领导要求你做什么。即使将工作完成后，也不能等待，而是要及时向上级领导汇报工作，这样能及时抓住机会，还会给人留下主动积极的工作状态。要注意，一个守时、做事有条理、举止良好的实习生将会得到认可。

学校会要求实习的学生每天记实习工作日志，并在最后写实习工作总结。这是非常好的一种工作积累方式，每天可以将实习情况、公司情况以及碰到的问题及解决的方式进行记录。保留工作日志以及有效的信息和材料是非常有意义的事情。

二、个人职业规划

在准备开始就职之前，需要为自己确定一个职业目标，这便是职业生涯规划的起点。

职业生涯，就是一个人一生工作经历中所包含的一系列活动和行为。根据美国组织行为专家道格拉斯・霍尔的观点，职业生涯规划分为个人的职业生涯规划和组织的职业生涯规划。个人的职业生涯规划即在对个人和外部环境因素进行分析的基础上，通过对个人兴趣、能力和个人发展目标的有效规划，以实现个人最大化为目标而做出的行之有效的安排。换言之，就是职业生涯规划在个人性格特点和兴趣、具备能力、条件和专业知识以及社会和市场等方面实现平衡。

做好个人的职业规划，就是避免“先就业再择业”。有些学生缺乏择业的标准，或是在比较长的时间里找不到工作。眼看同学们一个个都找到了工作，于是为应付一下自己着急的心理，便草率地找了份工作，结果找到的工作不适合自己。如果放弃再重新找一份工作，就会浪费更多的时间。因此，在做出职业规划之前，要对自己的兴趣、性格和特长多一些了解，对职业多一些认识，或许就会对职业多一份把握和自信。明确的职业目标、具体的规划和求职准备能帮助学生更快地走进属于自己的事业。国外有些大学生二年级开始就建设个人网页，将自己好的作品在网页上展示。当然，对于国外的大学生而言，入学要求相对低，而毕业要求高，并且在如今金融危机下工作难找，因此，他们一方面不断地追问自己喜欢什么职业，另一方面在大学期间就努力做好职业规划和个人网页。

现在的就业与实习是双向选择。就公司而言，老板在公司中起到非常重要的作用，他的思路会决定公司发展的前途。因此可以去了解一下公司的情况，尤其是服装行业处于转型时期，很多原来做外贸的公司转型做内销，需要大量的服装人才。有些公司的老板没有具体切实规划，这一类的企业不太适合刚毕业的实习生去，没有有经验的从业人员指导，新员工发挥的作用不大，靠自己摸索会做很多无用功。

（一）行业定位

大多数情况下，学生会选择自己所学专业进行实习。但也有一部分学生，专业只是他获得大学文凭的一个手段；或者逐渐在大学生涯的过程中深入地了解了这一行业之后，觉得这个行业不适合自己，将来自己会转行。可见，综合评估自己的性格特点、兴趣爱好和特长，再对就业和实习做出选择是非常必要的。

（二）职业定位

随着服装产业的转型和全球服装的变化，在近几年的服装产业发展中，对服装设计创意、电脑服装设计、计算机辅助生产、裁剪和样板、跟单理单、服装陈列、时尚买手等方面的人才需求加大。并且随着网络的发展，全球经济信息化、电子化，使得服装从业范围扩大。

下面对服装设计专业可能涉及的岗位，就其不同的工作要求和职业素质要求进行职业描述。

1. 女装设计师

一般情况下，毕业生从事服装设计，都是从设计师助理开始，只有少数具有天赋或没有设计师的单位才会让毕业生马上胜任设计师工作。

刚开始去公司实习，主要工作是熟悉公司的品牌风格路线、品牌效应以及设计预算；或者画一些买来的样衣款式图，配上面辅料，拿着效果图和设计说明书与技术人员沟通；或者整理样衣和订货会的服装。以上的技能，可以通过完成一系列的任务来获得。比如，要了解公司的面辅料特点，有利于控制成本，找对原材料的设计；与面辅料供应商沟通，是获得面辅料信息的一个非常好的渠道；跟踪样品制作过程，可以尽快熟悉品牌服装的样板造型和多样的工艺手段，且更好地增加设计的丰富性。当然，在此期间，要花大量的业余时间去对消费品市场进行分析、阅读各类杂志和感受市场的影响，紧跟当下的时尚潮流，这会为积累工作经验和为后续发展提供保障。

作为女装设计师，要紧跟流行趋势和社会热点，要敏锐地捕捉服装整体造型和文化潮流特点。要使轮廓、造型、色彩、整体风格和服饰配件上都要与其他的产品保持“一致”与“配合”。寻求卖点与设计点之间的平衡，选择相互合适的面料及色彩。女装设计师在每一季产品的设计中，服装的外轮廓造型和面料的变化非常大，因而，挑选面料和辅料、建立设计主题、在样衣制作阶段协同打板师、工艺师共同工作；在试衣阶段对最初的设计意图和服装结构细节、工艺进行修正成为工作中不可缺少的环节。由于服装设计是一个团队的工作，是寻找面辅料、产品设计、缝制、销售等团队合作的产物，因此，作为服装设计师必须要具备良好的沟通、组织能力，以及周密的逻辑思考能力和产品研发能力，要懂得人际关系学。

2. 男装设计师

从事男装设计行业与从事女装行业略有不同。男装的变化多数发生在细微之处，而不是在那些显而易见的轮廓造型或色彩上，因此，作为男装设计师要求有一双对细节变化十分敏锐的眼睛，因为男装设计的工作重点不仅是设计，很大程度上在于品牌形象、前期面料的开发、设计管理、生产和销售。

在高端的男装品牌设计中，商务套装等这些传统正装类的服装，对于面料、工艺、板型的要求特别高。新兴的休闲装和从体育服装衍生而来的运动装，其设计和生产需要有类似女装市场上的迅速反应能力，但是其产品在季节和年度上的界线并不像女装那样明显。此类设计师需要擅长设计标志图案和T恤上的图案，还要精通信息技术和能够精细地制图模块，这已经是越来越多的用人单位对于大学毕业生的考核标准。再者，消费者对于风格和流行性的追求总是变化多端，因此设计师应及时了解当前的流行趋势，并迅速地做出回应。

3. 童装设计师

童装设计师和女装设计师也一样，都要关注流行趋势、关注生活，有敏锐的市场观察力和对流行趋势的应用能力。作为童装设计师对色彩搭配的把握要胜于其他设计师，因为儿童很直接，他们对色彩特别敏感，并且他们喜欢有色彩的东西。其次是做童装设计师，更注重对面料舒适性、环保性、抗皱性、飞毛性等的把握，一切围绕儿童的健康为第一要点进行设计。作为童装设计师要对不同年龄层次进行区别地对待，要研究不同年龄层次儿童的心理特点、体形特点、色彩喜好的特点。

4. 针织设计师

针织服装成为时装市场一个重要的组成部分。在越来越追求舒适着装的理念中，人们一致认为针织服装是舒适、合体和柔软的，它的优势表现在能够通过良好的吸汗性来调节面料的温度和凉爽程度，同时它的牢固性和水洗性也很好。针织设计的范围很广，包括T恤衫、毛衫，而且还包括了弹性力面料服装、运动装、活动装、内衣及袜类以及“仿生”服装。以前，针织分横机类和圆机类两种主要的工艺，如今，针织的设计已经不仅仅局限在这两种范围内，针梭织的镶拼、横圆机不同工艺的设计更为时尚流行。因而，做好针织服装设计师，所面临的职业挑战和历程与女装设计师十分相似。要灵活机动地为各类不同的市场进行设计，而非只坚持单一品牌的外观。对织物肌理的鉴赏能力以及色彩和款式的流行趋势的把握也是必不可少的。对于那些熟知纤维、针迹和工艺技巧术语的设计师和精通计算机辅助设计（CAD）流程的人才变得炙手可热，而擅长设计、绘画和计算机编程的针织设计师在各个阶层的市场里也都格外受欢迎。

5. 跟单理单

跟单理单员是一种技术性比较强的工作。传统的外贸企业把业务员分为外销员与跟单员。外销员负责与客户联系，主要工作是谈判与签约，合同签订就形成一个订单；而跟单员主要是对外销员所签订单进行跟踪，其基本工作是直接或间接控制订单的执行的全过程，对制板、采购、生产、发货等环节的进度、产量、质量的跟进、控制与沟通协调，监控和协调各个部门的工作。对于外贸公司的跟单、理单来员说，需要具备良好的外语能力、国际知识、专业知识、管理知识和领导能力，并且要估算订单的成本，通过商务谈判、审核工厂、原料跟单，来实现利润指标。

内销公司也需要跟单理单员，通过报价，估算成本，审核工厂，合同签订。再到产品设计阶段的跟单，包装资料准备，批版，齐码样；产品定型阶段的跟单，跟进单用量，估算成本，交货计划，数量，产品生产阶段的跟单，掌握品质和检验事项的确定，交货期、付款及包装方式的确定。

6. 时尚买手

时尚买手对于中国来说是个新兴的职业，大概在2009年才有这个职业，以前类似的工作性质在国内称为采购。时尚买手主要服务于品牌公司、商场或精品店。商店和连锁店通常细分它们商品的种类，所以买手专业分工购买某一个领域或部门的产品，如针织衫或服饰品。时尚买手主要有两种形式，买入和导出。买入主要是采购样衣或者采购成品，到国内外采购样衣进行再设计或者生产，采购成品分为集中式采购和部门式采购。集中式采购允许连锁店之间的货存移动，采购数量大，也意味着价格可以从优；部门式采购更强调地区化。导出是指对服装要从最后卖场终端来考虑服装的出处，因而作为时尚买手还必须了解服装陈列和销售数据分析。

买手的从业要求比较高，要及时通报时尚前沿的信息；对货品结构熟悉知道哪些正是在热卖中，哪些在杂志上出现过，并能提前预测半年至一年后顾客的需求能用数据分析销售情况，时尚买手比设计师更懂货品的整合及销售。买手大部分时间都在参观展室中的成品或与销售人员的沟通，除了能迅速地为设计师反馈如何推广其作品的信息，还能迅速地反馈如何改进一个系列作品的信息。

7. 服装陈列师

服装陈列师在国内是一个新兴的职业，目前服装陈列师需求量很大。服装陈列师分两类：一类为陈列研发，主要是制定下一季的陈列手册、陈列标准、陈列策划以及橱窗设计、店务培训；另一类为陈列实操，主要为新开店的货品陈列出样、新品陈列、日常店全书陈列维护、店务培训等。卖场前期装潢的跟进与沟通由陈列形象推广部负责。

服装陈列师要对品牌负责，对品牌形象负责，对品牌形象起着提升和传播的作用。作为服装陈列师，首先，要有很好的营销眼光，从营销的角度去完成陈列，知道消费者需要什么，能揣摩消费者的消费心理和消费需求；其次，要有敏锐的市场眼光，能引导消费者购买服装，了解当今服装的流行趋势，了解服装流行的信息来源，能及时捕捉流行和时尚的元素给消费者；再次，要有很好的艺术修养，较好的审美判别能力，能对卖场陈列和橱窗陈列有独特的创意，以区别于其他竞争品牌的陈列；最后，要有较好的语言表达能力和沟通能力，做好与店员的培训和沟通，做好各部门的沟通和协调工作。

第二节　准备求职材料及求职简历

在面试之前，一份制作精美、优点突出的求职资料和求职简历能很好地“推销”自己，展示出个人独特的魅力。准备求职材料不仅要从主观的角度考虑，挖掘并展现出自己的优势，还需要从职位的角度客观地评价竞争的岗位：处在哪个行业？是何种类型的用人单位？具体的职业是什么？看重具有哪些素质的应聘者，会喜欢怎样风格的简历？如果能准确地揣摩出招聘单位的意图，并在简历中有所表现，那就更容易成为用人单位眼中最适合这份职业的人。

一、准备完整的求职材料

面试前准备一份专业水准较高的求职材料非常重要，因为它可以直观地将你在大学时期的学习、工作和生活完整地体现出来。就服装设计专业而言，可以将求职材料做成作品集的形式。作品集最好大小适宜，便于翻看和携带，并且要把作品集制作成透明活页的一种，以便于替换和重新排列。

作品集分成三个部分，第一部分为个人简历。个人简历要求简明扼要，重点突出。第二部分为相关证书的复印件。证书复印件包括职业技能证书复印件、计算机、英语证书复印件、各类获奖证书复印件等。对于同一种职业技能具有多个职业技能证书的话，只要放一个最高等级的职业技能证书复印件就可以。证书编放的次序也是非常重要，一般情况下，个人简历放在第一页，招聘者一看就非常清楚应聘人员总体情况；第二页之后最好放职业资格类的证书复印件，根据应聘的工作岗位对证书编放的次序有所调整。如果应聘外贸公司的某一个工作岗位，就可以将英语考级证书放在前面，而如果应聘内销公司的工作岗位，如服装设计师，那么就可以将专业相关的职业技能资格证书，如高级服装设计定制工放在前面。针对不同职业岗位的特点需求，就要将具有优势的、能证明且有能力的证书放在前面，这样具有说服力；第三部分是作品原件或扫描件。将在大学学习过程中的作品制作成作品集，这些作品有大有小，在做成作品集的时候要做成同样大小的，可以通过扫描或者拍照的方式对作品进行收集，再在电脑里进行处理后整理成册。作品复印件也要分成几类，按不同课程和种类进行分门别类的编放。作品是需要整理的，同类的作品稿件放几个典型的就可以，不要放多，放多了特点就不明显了。最好学过的课程都有一些典型的作品在作品集里体现，让招聘者一眼就能清楚学过的课程。一般情况下，作品集中最好放一些服装设计的手稿，既能说明服装画的水平，又能有很强的设计感。作品的排列要将优秀的作品和典型的作品放在前面。

二、准备自荐信和求职简历

应届毕业生在涌向就业市场的时候，如何让自己的简历在广大的应聘者之中脱颖而出，如何在仅两页纸的简历中体现出自己的优点，都是非常重要的。

首先要清楚简历所包含的内容，它包含了你在大学期间所学的技能、成就和所受教育的总结，以及一封解释你为什么申请此职位的简练求职书，这些都是用来吸引用人单位的兴趣并赢得面试机会的条件。

简历版式应清楚、简洁、易懂，不应超过两页。用电脑打印简历，不要出现错别字或语句不通的情况，简历打印要精美。开头部分将姓名、性别、出生年月、学历、家庭地址、就读学校、联系电话和电子邮箱写清楚，接下来按由近及远的年代顺序列出受教育和兼职、社会经历以及曾经担任过的职务，再列出所有获得的荣誉、奖励，列出语言能力、计算机培训和职业考证等技能，以及你是否有驾照。如果你的外语能力足够好，还可以用外文写一份同样的简历，以便向国际化的人才需求进军。当然，用外文写简历一定要按照对方的习惯和语法来写。

简历投放主要是通过招聘会的形式。另外，现在也可以通过电子简历到网上求职，这也是目前大学生采用得比较多的应聘方式。你可以将自己的简历投到专业的招聘网，一些需要招聘的公司会从这些网上招到他所需要的人才，当然，据一些相关专业人士分析，一般情况下，在下午上班之后和5点左右快下班的时间里投放简历成功的概率比较高。在网络投放简历的同时，要提防不法分子利用学生求职心切的心态来骗人。

第三节　应对面试

简历投放之后，你会在两周内接到公司的电话，要求你在指定的时间去面试。你也可以在投放简历一周后，通过电话询问自己是否在被考虑之列，或能否约定时间面试。

一、前期准备

在投简历到接到面试之间会有一段时间，这是一个非常关键的时刻，你要利用好这几天的时间作好面试前的准备工作。为那天去面试的服装和妆容做出考虑，将求职资料按照面试公司的情况重新做出调整，然后有意识地对该公司进行了解：品牌风格特点，以及与之相应的竞争品牌，分析公司产品的竞争优势，以便在适当的时候提出合理的建议。对于招聘的公司来说，比较中意于对自己公司有所了解的应聘者，这说明应聘者对公司很有兴趣，体会到应聘者对公司的有心。

二、面试

面试最关键和高难度的考验，往往体现在一些细节和瞬间的表现上，这决定了你求职的成败。

面试当天的时间观念非常重要。约好面试的那一天，要提前到达，不要失约，对于没有时间观念的学生企业会一票否决。

面试时着装整齐、大方、得体。应聘设计类的毕业生相对可以个性点，但不要打扮得很怪异。

在面试的过程中，良好的坐姿及肢体语言能够展现自信，静下心来不要让自己看起来很紧张，清晰的思路，良好的语言表达能力可以客观反映一个人的文化素质和内涵修养。

在与面试官交谈的过程中，尽量与人保持微笑和目光接触，面对所提出的问题要对答如流，但又不能夸夸其谈。

对于技能要诚实地表达，试着引用作品集中的例子来证明优势。

一些公司会提出刚开始工作会提供专业上的培训，对不懂的事不要装懂。

对于询问有关这项工作中不清楚的或并未被提到的方面，如工作时间的长短及实习工资的待遇，该工作在未来的发展状况等，不要自己首先提出，在适当的时候再寻找机会了解。尤其是不要提出实习薪资这些问题，一般情况下，实习薪资差距不是很大，要让公司感觉你在意的是公司的前途，寻找的是机会。

对于这份工作，不要表现得过于冷淡或过于急迫。即使有其他的工作机会，也不要详尽地谈论，因为公司希望听到的是你首先对他们感兴趣。

在面试的过程中要让招聘方觉得你态度诚恳，大多数公司招聘员工，会把你对此份工作的态度放在第一位，把专业的能力放在第二位。因为对于专业上的技能可以通过到公司锻炼之后再提高，但态度决定了你对这一份工作的认真程度。

三、面试后的联络

面试之后一到两周就会收到公司的录用电话，接到录用电话就要做好去工作的准备，或者这几天也可以放松一下，因为实习之后就比较忙了。

收到录用电话之后，还要避免一种情况，就是有些毕业生觉得被录取了，就对这家公司的实力持怀疑态度，开始犹豫不决，或者对自己的信心大增，觉得还可以找一家更好的公司。出现这种情况，一方面，在应聘之前要对自己的实力进行综合的评估，对职业作出规划；另一方面，要把握好自己的心态，踏实就业。

如果没有收到电话，也可以自己打电话进行确认。如果这次不成功，你不要灰心丧气，重新振作起来，要自信，要相信自己的能力以及工作所获得的技能迟早会被承认。

若未被录用，在面试之后和下一次的面试之间，要重新整理资料和调整心态，找出自己的不足，利用这段时间及时补充，且不要为了找工作而总处于等待之中。

思考题

1.你对自己的职业有所规划吗？是如何规划的？

2.如何应对面试？应从几个方面考虑？

3.如何准备求职资料和求职简历？

作业布置

每位学生制作一份个人求职材料与一份个人简历。

参考文献

[1] 迈克·伊西.服装营销圣经［M］.金凌等，译.上海：上海远东出版社，2002.
[2] 苏珊娜·哈特，约翰·莫非.品牌圣经［M］.高丽新，译.北京：中国铁道出版社，2006.
[3] 赵平.服饰品牌商品企划［M］.北京：中国纺织出版社，2005.
[4] 杨琴.企划经理日智［M］.北京：机械工业出版社，2006.
[5] 刘鑫.定位决定成败［M］.北京：中国纺织出版社，2007.
[6] 理查德·索格，杰妮·阿黛尔.时装设计元素［M］.袁燕，刘弛，译.北京：中国纺织出版社，2008.
[7] 苏·詹金·琼斯.时装设计［M］.张翎，译.北京：中国纺织出版社，2009.
[8] 刘晓刚.品牌服装设计［M］. 2版. 上海：东华大学出版社，2007.
[9] 麦可思研究所.大学生求职决胜宝典［M］. 2010年版.北京：清华大学出版社，2010.
[10] 李好定.服装设计实务［M］.刘国联，赵莉，王亚，吴卓，译.北京：中国纺织出版社，2007.
[11] 庄立新，胡蕾.服装设计［M］.北京：中国纺织出版社，2003.
[12] 熊晓燕，江平.服装专题设计［M］.北京：高等教育出版社，2003.
[13] 李春晓，蔡凌霄.时尚设计·服装［M］.南宁：广西美术出版社，2006.
[14] 黄嘉.创意服装设计［M］.重庆：西南师范大学出版社，2009.
[15] 胡小平.服装设计表现的突破［M］.西安：西安交通大学出版社，2002.
[16] 林松涛.成衣设计［M］.北京：中国纺织服装出版社，2008.
[17] 邵献伟.服装品牌设计［M］.北京：化学工业出版社，2007.
[18] 张晓黎.从设计到设计——服装设计实践教学篇［M］.成都：四川美术出版社，2006.
[19] 张晓黎.服装设计创新与实践［M］.成都：四川大学出版社，2006.